人类生命的源泉

水环境

SHUI HUANJING

鲍新华　张　戈　李方正◎编写

吉林出版集团股份有限公司
全国百佳图书出版单位

图书在版编目（CIP）数据

人类生命的源泉——水环境 / 鲍新华，张戈，李方正编写. -- 长春 ：吉林出版集团股份有限公司，2013.6（2023.5重印）

（美好未来丛书）

ISBN 978-7-5534-1954-1

Ⅰ. ①人… Ⅱ. ①鲍… ②张… ③李… Ⅲ. ①水环境－青年读物②水环境－少年读物 Ⅳ. ①X143-49

中国版本图书馆CIP数据核字(2013)第123513号

人类生命的源泉——水环境

RENLEI SHENGMING DE YUANQUAN SHUI HUANJING

编　　写　鲍新华　张　戈　李方正
责任编辑　宋巧玲
封面设计　隋　超
开　　本　710mm×1000mm　　1/16
字　　数　105千
印　　张　8
版　　次　2013年 8月 第1版
印　　次　2023年 5月 第5次印刷

出　　版　吉林出版集团股份有限公司
发　　行　吉林出版集团股份有限公司
地　　址　长春市福祉大路5788号
　　　　　邮编：130000
电　　话　0431-81629968
邮　　箱　11915286@qq.com
印　　刷　三河市金兆印刷装订有限公司

书　　号　ISBN 978-7-5534-1954-1
定　　价　39.80元

版权所有 翻印必究

前 言

环境是指围绕着某一事物（通常称其为主体）并对该事物产生某些影响的所有外界事物（通常称其为客体）。它既包括空气、土地、水、动物、植物等物质因素，也包括观念、行为准则、制度等非物质因素；既包括自然因素，也包括社会因素；既包括生命体形式，也包括非生命体形式。

地球环境便是包括人类生活和生物栖息繁衍的所有区域，它不仅为地球上的生命提供发展所需的资源与空间，还承受着人类肆意的改造与冲击。

环境中的各种自然资源（如矿产、森林、淡水等）不仅构成了赏心悦目的自然风景，而且是人类赖以生存、不可缺少的重要部分。空气、水、土壤并称为地球环境的三大生命要素，它们既是自然资源的基本组成，也是生命得以延续的基础。然而，随着科学技术及工业的飞速发展，人类向周围环境索取得越来越多，对环境产生的影响也越来越严重。人类对各种资源的大量掠夺和各种污染物的任意排放，无疑都对环境产生了众多不可逆的伤害。

人类活动对整个环境的影响是综合性的，而环境系统也从各个方面反作用于人类，其效应也是综合性的。正如恩格斯所说："我们不要过分陶醉于我们对自然界的胜利。对于每一次这样的胜利，自然界都报复了我们。"于是，各种环境问题相继发生。全球变暖导致的海平面上升，直接威胁着沿海的国家和地区；臭氧层的空洞，使皮肤病等疾病的发病率大大提高；对石油无节制的需求，在使环境质量受到严重考验的同时，不禁令我们担心子孙后辈是否还有能源可用；过度的捕鱼已超过了海洋的天然补给能力，很多鱼类的数量正在锐减，甚至到了灭绝的边缘，而其他动植物也正面临着同样的命运；越来越多的核废料在处理上遇到困难，由于其本身就具有可能泄漏的危险，所以无论将其运到哪里，都不可避免地给环境造成污染。厄尔尼诺现象的出现、土地荒漠化和盐渍化、大片森林绿地的消失、大量物种的灭绝等现象无一不警示人们，地球环境已经处于一种亚健康的状态。

放眼世界，自20世纪六七十年代以来，环境保护这个重大的社会问题已引起国际社会的广泛关注。1972年6月，来自113个国家的政府代表和民间人士，参加了联合国在斯德哥尔摩召开的人类环境会议，对世界环境及全球环境的保护策略等问题进行了研讨。同年10月，第27届联合国大会通过决议，将6月5日定为“世界环境日”。就中国而言，环境问题是中国人民21世纪面临的最严峻的挑战之一，保护环境势在必行。

本套书籍从大气环境、水环境、海洋环境、地球环境、地质环境、生态环境、生物环境、聚落环境及宇宙环境等方面，在分别介绍各环境的组成、特性以及特殊现象的同时，阐述其存在的环境问题，并针对个别问题提出解决策略与方案，意在揭示人与环境之间的密切关系，人与环境之间互动的连锁反应，警醒人类重视环境问题，呼吁人们保护我们赖以生存的环境，共创美好未来。

目录

MU LU

01 水，生命之源

水是地球生命的源泉，是经济发展的命脉，是地球奉献给人类的最宝贵的资源。生命起源于水，生物生存离不开水，工农业生产也需要大量的水。也正因为有了水，地球才成为一个生机盎然、色彩缤纷的世界。如果地球上没有水，它将同月球一样，成为一个寂静、没有生命的世界。

常言道："鱼儿离不开水。"的确，水生的鱼在无水的环境中只能存活几个小时，甚至几十分钟就可能丧命。然而，并非只有鱼儿离不开水，地球上所有的生命都离不开水。无论是茂密的森林还是嫩绿

▲ 水是生命之源

的禾苗，无论是疾驰的虎豹还是飞翔的小鸟，乃至智慧的人类也都离不开水。一般情况下，一个人只要几十个小时不喝水，就会有生命危险。据研究，健康的成年人每天平均要喝2.2升水，加上体内物质代谢产生的内生水约0.3升，共计2.5升。人体可以通过排泄、呼吸、出汗，排出多余的水分，然而如果水量不足却是十分有害的。如果人体内的水分损失20%，就无法进行氧化、还原、分解、合成等正常生理活动。

❶ 物质代谢

物质代谢是物质在体内消化、吸收、运转、分解等与生理有关的化学过程，包括同化作用和异化作用。同化作用是生物在生命活动中不断从外界环境中摄取营养物质并转化为机体组织成分的过程。异化作用是生物体将体内的大分子转化为小分子并释放出能量的过程。

❷ 呼吸

呼吸是指机体与外界进行气体交换的过程。生物呼吸的方式有鳃呼吸（鱼类主要的呼吸方式）、植物呼吸（分为有氧呼吸和无氧呼吸）、细胞呼吸（物质在细胞内的氧化分解）、两栖动物呼吸（两栖动物不仅能用肺呼吸，还能通过皮肤呼吸）。

❸ 氧化反应

氧化反应就是物质与氧发生的反应。一般物质与氧气发生反应时放热，个别可能吸热，如氮气与氧气的反应。氧化反应有时剧烈，有时缓慢，物质的燃烧、金属生锈、动植物呼吸都是氧化反应。

02 水，组成了生命

水是生命有机体的重要组成部分。据测定，人体重量的2/3以上是水分，儿童体内的水分含量更高，可以达到其体重的4/5；水生生物体内的水分含量最高，如鱼类体内水分占80%，而海蜇、水母等体内水分则占90%以上；陆生生物体内水分虽然较少，但也占体重的50%以上。

我们经常会看到许多动物，如马、牛、羊等需要饮水。自然界有的动物看起来一生不饮水，有人就误认为它们不需要水，其实它们也需要水，不过并非直接饮水而已。如澳大利亚的考拉是一种原始树栖动物，它常年居住在桉树上，人们很少见它到树下饮水。这是因为它的主要食物——桉树叶子汁液丰富，能为它提供充足的水分。同样各种植物也需要水，它们主要吸收土壤里的水分，如果土壤缺乏水分，植物就会枯死。农田需要灌溉，栽树需要浇水，就是为了满足植物对水的需要。

水质好坏直接影响健康。水的生理功能主要体现在六个方面：帮助消化，排泄废物，润滑关节，平衡体温，维持细胞功能，维持淋巴、血液等人体一切组织的代谢。

1 水生生物

水生生物是生活在各类水体中的生物的总称。按功能划分包含自

养生物、异养生物和分解者。水生生物种类繁多，有各种微生物、藻类以及水生高等植物、各种无脊椎动物和脊椎动物。

②陆生动物

陆生动物是指在陆地生活的动物。陆地气候相对干燥，因此在陆地生活的动物一般都有防止水分散失的结构。由于其不受水的浮力作用，一般都具有支持躯体运动的器官。

③树栖动物

树栖动物是以攀附和依靠树木为主的方式生活的动物的总称。树栖动物几乎都有一条善于缠绕的尾巴。这些尾巴作为辅助肢体，大大增强了它们的运动能力。树栖动物就尾巴的进化来看是最复杂的，这是大自然赋予它们的一种保护自己、防御敌人的生存能力。

▲ 植物的生长离不开水

03 水是农业的命脉

水是农作物生长的基本条件之一。要保证农作物的正常生长发育，必须根据不同作物对水分的需求，保证适时适量地供应水分。

水分是作物的重要营养物质，所有植物体中都不同程度地含有一定量的水分。蔬菜中水分的比重较大，如马铃薯中水分占70.8%，黄瓜中的水分达90%以上。粮食作物中的水分则较少，如稻谷中水分占10.6%，大豆中水分占9.8%。

▲ 水是农业命脉

几乎所有作物的生长发育过程都和水密切相关，种子的萌发和庄稼的生长都需要有充足的水分。根据科学的测定，生产1吨小麦需要1500吨水；生产1吨棉花需要1万吨水；一株玉米，从它出苗到结实，所消耗的水分达200千克以上。“水是农业的命脉”，生动说明了水在农业环境中的重要作用。

种子播入农田后，土壤里要有一定的含水量，才能使

种子体积膨胀，外壳破裂。与此同时，子叶里储藏的营养物质溶解于水，并借助水分转运给胚根、胚轴、胚芽，使胚根伸长发育成根，胚轴伸长拱出地面，胚芽逐渐发育成茎和叶，这样种子萌发生成幼苗。要使幼苗茁壮成长、开花结果，仍要供给充足的水分。

①农作物

农作物指农业上栽培的各种植物，包括粮食作物（水稻、玉米等）、油料作物（大豆、芝麻等）、蔬菜作物（萝卜、白菜等）、嗜好作物（烟草、咖啡等）、纤维作物（棉花、麻等）、药用作物（人参、当归等）等。

②子叶

子叶是种子植物胚的组成部分之一，为贮藏养料或幼苗时期进行同化作用的器官。在被子植物中，单子叶植物的胚只有一枚子叶，双子叶植物的胚有一对子叶；裸子植物的胚有两枚或两枚以上的子叶。

③溶解

溶解在广义上讲是两种或两种以上的物质混合而成为一个分子状态的均匀相的过程；狭义上则是一种液体与固体、液体或气体产生化学反应成为一个分子状态的均匀相的过程。溶质溶解于溶剂中就形成了溶液，溶液并不一定为液体，也可以是固体和气体。

04 植物生长需要水

水是植物跟外界环境作物质交换所不可缺少的，农作物只有在水分充足时才能够进行正常的生命代谢活动。土壤里的营养物质溶解在水里才能够被庄稼吸收；叶子是以水和二氧化碳作为原料来制造养分的；植物体内的各种生理变化在充满了水的细胞里才能进行。

农作物吸收的水分大部分消耗在蒸腾上。据观测，夏天一片叶子在一小时里所蒸发的水分，比它本身原有的水分还要多。植物蒸发水分是重要的生理过程，旺盛的蒸发可加速根对水分的吸收。土壤里的养分可随水流进入植物体内，再转移到体内各部分去，供其生长发育。此外，水分还参与调整植物的体温，维持它和气温的平衡，以免

▲ 灌溉

受害。

水分不足会影响作物生长，导致作物产量下降，因而若土壤中水分不足，就要予以灌溉来补充水分。人们常见的水稻、小麦、玉米、黄瓜、白菜、西红柿等栽培作物，其需水量与有效降水量之间的差异，主要依靠人工灌溉来补充，特别是在比较干旱的地区，更需要定期灌溉。

灌溉农田具有明显的增产效果，是目前水资源的主要用途之一。据统计，农田灌溉的水量不仅超过了生活用水量，而且远远超过了工业用水量，世界上比较落后的农业国更是如此。

① 新陈代谢

新陈代谢是生物体与外界之间的物质和能量交换以及生物体内物质和能量的转变过程，其中的化学变化一般都是在酶的催化作用下进行的，分为物质代谢和能量代谢。在新陈代谢过程中，既有同化作用（合成代谢），又有异化作用（分解代谢）。

② 细胞

细胞是生命活动的基本单位，可分为原核细胞和真核细胞。一般来说，绝大部分微生物（如细菌等）以及原生动物由一个细胞组成，即单细胞生物；高等动物与高等植物则是多细胞生物。世界上现存最大的细胞为鸵鸟的卵。

③ 灌溉

灌溉就是用水浇地。灌溉的方法有漫灌、喷灌、微喷灌、滴灌以及渗灌。平时灌溉使用的设备有时针式喷灌机和平移式喷灌机。灌溉也会产生副作用，如造成地下水水位下降、地面沉降、土壤盐渍化、水体污染等。

05 水是工业的血液

水是工业的血液，任何工业生产都离不开水，没有水，工厂就不能开工。

水是一种最优良的溶剂，它不仅能溶解很多物质，而且还可用于洗涤、冷却和传送等。由于水具有多方面得天独厚的性质，因此在工业上得到极为广泛的应用。

工业上用得最多的是冷却水。由于水具有比其他液体物质大得多的热容量，可储藏较多的热量，并且价格低廉，取用方便，因而成为工业部门用量最大、最经济实惠的一种冷却剂。冷却用水在工业生产过程中可以带走生产设备多余的热量，以保证生产的正常进行。火力发电、冶金、化工等工业部门冷却水用量都很大。一个40万千瓦的热电厂，大概需要20多个流量的水，即每秒流过某一断面的水量至少要达到20立方米。钢铁厂每生产1吨钢，需耗用200吨的冷却水；合成氨化工厂每生产1吨氨，则需要冷却水480吨左右。一个工业发达的地区，冷却用水量一般可占工业用水总量的70%左右。冷却水可以重复使用，而且对水质一般影响不大。

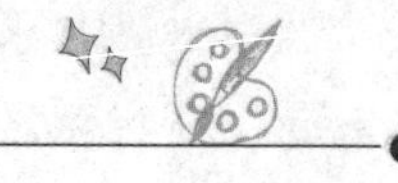

① 血液

血液属于结缔组织，即生命系统中的结构层次，是流动在心脏和血管内的不透明红色液体，主要成分为血细胞和血浆。血细胞内有白

▲ 热电厂冷却塔

细胞、红细胞和血小板，血浆内含血浆蛋白（球蛋白、白蛋白、纤维蛋白原）、脂蛋白等各种营养成分，以及氧、无机盐、酶、激素、抗体和细胞代谢产物等。

② 冶金

冶金就是从矿石中提取金属或金属化合物，用各种加工方法将金属制成具有一定性能的金属材料的过程和工艺。冶金是从古代制陶术发展而来的，在中国具有悠久的历史。冶金的技术主要包括火法冶金、湿法冶金以及电冶金。

③ 火力发电

火力发电是指利用石油、煤炭、天然气等液体、固体、气体燃料燃烧时产生的热能来加热水，使水变成水蒸气，然后再由水蒸气推动发电机进行发电的一种发电方式。随着地球资源的日益短缺及环境污染的日益严重，火力发电已逐步被水力发电、风力发电等所代替。

06 民生工业无处不用水

▲ 造纸业需要大量的水

工业用水除了冷却用水，还有一种就是产品用水。它在生产过程中与原料或产品掺杂在一起，有的成为产品的一部分，有的只是生产过程中的一种介质。如在酿酒、饮料制造业中，水是产品的组成部分，这些工业对水的质量要求十分严格。在造纸、印染、化工、电镀等行业中也有产品用水。这些水用后会含有大量的有害物质，如不进行处理，可能造成严重的水体污染。这种工业用水的重复利用率很低，耗水量也很大。如每生产1吨人造纤维，用水量在1000吨以上；造纸工业也是用水大户，每生产1吨纸，可消耗500吨左右的水。

还有一种就是动力用水，即以水蒸气推动机器或汽轮机运转。这主要应用在一些机械、动力、开采等行业。动力用水对水质要求不高，可以循环使用，真正的耗水量并不是很大。

此外，还有用来调节室内温度、湿度的空调用水，用于洗涤、净化的技术用水，厂区绿化也要消耗掉相当一部分水。近年来，随着工业的迅速发展，对水资源的需求也在急剧地增长。据估计，工业用水一般占城市用水总量的80%，它是造成许多地区水资源供需矛盾日益尖锐的主要因素，更是许多城市出现“水荒”的原因之一。因此，必须加强工业用水管理。

① 造纸

纸是中国四大发明之一，如今机器造纸是将适合的纸浆用水稀释至一定浓度，然后在造纸机的网部初步脱水，形成湿的纸页，再经压榨脱水，最后烘干成纸。中国在发明纸张以后，起先是把纸本书携往国外，随后造纸术也逐渐外传。

② 电镀

电镀就是利用电解原理在某些金属表面镀上一薄层其他金属或合金的过程，是利用电解作用使金属或其他材料制件的表面附着一层金属膜的工艺，可以起到防止腐蚀，提高导电性、耐磨性、反光性及增进美观等作用。

③ 人造纤维

人造纤维是用某些线型天然高分子化合物或其衍生物作原料，直接溶解于溶剂生成纺织溶液，之后再经纺丝加工制得的多种化学纤维的统称，是化学纤维的两大类之一。制造人造纤维的原料有木材、竹子、甘蔗渣等。

07 水是人体营养素

水是构成人体组织的重要成分，维持着人体细胞的生理活动。人体血液、泪液和汗液的含水量在90%以上，肌肉、心脏、肝脏等的含水量在60%~80%之间。据测算，成年人体内的水分约占体重的2/3，即人体重的75%是水，这个比例随年龄的增长而减小。一个成年人每天水分的出入量平均在2500毫升左右，那么水对人体究竟有些什么作用呢？

首先是溶酶作用。食物从摄入到胃肠道内的消化吸收再到转变为能量通过血液循环输送到全身各个脏器，到最后变成废物排出体外，每一个环节，都必须有水的参与和调节。

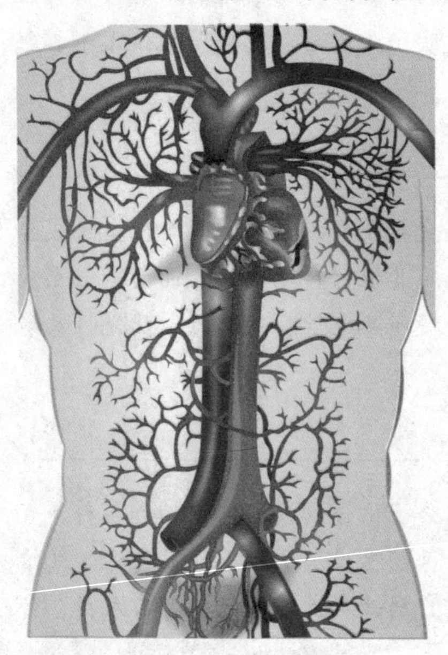

▲ 人体血液循环需要水的参与

其次是调节体温。人每天饮用2200毫升水的同时，要通过呼吸和体表散发1000毫升的水，同时带走500多卡路里（1卡路里≈4.2焦耳）的热量。人就是这样通过水来吸收养料和排除废物，并保持恒定体温的。当天气炎热时，体内热量可以通过体液循环

到达体表，由汗液蒸发散失出去；当外界温度低时，由于水的屏障作用，体热不会一下子散失过多。

第三，随着年龄的增长，人体内的水分逐渐减少，皮肤布满皱纹，水可起润滑作用。同时，体内水分还是肌肉、心脏、关节等器官的润滑剂。

① 氧气

氧气是空气主要成分之一，约占大气体积的21%，标准状况下无色、无臭、无味，在水中溶解度很小。氧气的化学性质比较活泼，具有助燃性和氧化性，大部分的元素都能与氧气反应。一般而言，非金属氧化物的水溶液呈酸性，而碱金属或碱土金属氧化物的水溶液则为碱性。

② 酶

酶是生物催化剂，是催化特定化学反应的蛋白质、RNA或其复合体。它能通过降低反应的活化能加快反应速度，但不改变反应的平衡点。绝大多数酶的化学本质是蛋白质。生命活动中的消化、吸收、呼吸、运动和生殖都需要酶的催化。

③ 卡路里

卡路里简称卡，是一个能量单位，人们常常将其与食品联系在一起，但实际上它适用于含有能量的任何东西。明确地说，1卡路里的能量或热量可将1克水的温度升高1℃。

08 水资源的类型

地球上的水，97%以上是咸水，即海洋水，只有不到3%才是人类所必需的淡水。在淡水中有25%以上处于800米以下的地球深层，人类难以取用；有68.7%以固态（冰、雪）形式存在于地球的南极、北极和高山上。目前，人类真正能够利用的淡水占地球总水量的1%都不到。地球上的水资源，可以分为很多种。

第一，按水的储存方式和分布情况，水资源可分为地表水资源（包括河流水资源、湖泊水资源、冰川水资源三种存在形式，其中尤以河流和湖泊水资源与人类关系最密切）、大气水资源、海洋水资源等。

▲ 地下热水

第二，按物理性质分类，水资源可分为淡水资源、热水资源（包括温泉、地下热水等）、卤水资源、固态水资源（包括冰山、积雪等）。

第三，按国民经济各部门用水的要求，水资源可分为消耗性水资源（主要是指各种工

业、农业和人民生活所需水资源）、非消耗性水资源（主要是指凭借各种水力做功的水资源，如航运、发电、军事上的特殊利用等）。

目前，世界上许多国家发生的水资源危机，主要是淡水危机。地球上淡水很少，且分布不均，人口增长，对水的需求量加大，再加上水资源污染严重，所以淡水资源短缺。

① 卤水

卤水是盐类含量大于5%的液态矿产。按地下卤水赋存条件可将其分为孔隙卤水、晶间卤水、裂隙卤水；按卤水的水力性质可分为潜卤水、承压卤水；按卤水的化学性质则分为氯化物型卤水、硫酸盐型卤水、碳酸盐型卤水。

② 北极地区

北极地区是北极圈以北的地区，包括北冰洋绝大部分水域，亚、欧、北美三洲大陆北部沿岸和洋中岛屿。北冰洋中有丰富的可作为海鸟和海洋动物食物的鱼类和浮游生物，其周围大部分地区都比较平坦，且没有树木生长，夏季温度稍有升高的情况下，植物得以生长，而驯鹿等草食性动物和狼、北极熊等肉食性动物才得以存活。

③ 南极

南极是一块面积约为1400万平方千米的广大陆地，也称作南极洲，是地球上最后一个被发现并且唯一没有土著人居住的大陆。在南极洲蕴藏有220余种矿物，但植物却很难生长，偶尔能见到苔藓、地衣等，不过，在海岸和岛屿附近有企鹅、海豹、鲸等动物。

09 水资源的严峻形势

▲ 水资源严重不足

根据联合国最近几年的统计显示：全世界淡水消耗自20世纪以来增加了6～7倍，比人口增长的速度高2倍。目前，世界上有80个国家约15亿人面临淡水不足、用水紧张的局面，其中26个国家3亿多人口生活在严重缺水状态，目前还将有一些国家加入到缺水行列。

通常情况下，当一个国家可用水低于每人每年1000立方米时，就视为用水短缺；当每人每年用水为1000～1700立方米时，就视为用水紧张。例如，首尔拥有1750万人口，仅市区就有1100万人口，偌大的城市，仅靠汉江及其盆地的地表水供水。因此，首尔人对水资源的需求是十分迫切的。

纵使印度是一个多河流的国家，但是仍然面临着缺水的问题。印度的河流除了闻名于世的恒河以外，还有数条重要的河流。这些河流除给印度人民带来了恩惠，也给印度人民带来了不幸，特别是在季风时节，一些河流泛滥，常常引起灾难性破坏。河流暴涨时，大部分河

水流入大海，可供利用的仅有30%。随着人口的激增和工业化步伐的加快，这个10多亿人口的国家同世界其他地方一样，也迫切需要更多的水。在印度，不少人因为饮用不洁净的水而染病，至今还有许多人喝不上自来水。

① 中国水资源情况

中国水资源总量居世界第六位，但是人均水资源量只是世界人均水资源量的1/4。水资源的分布非常不均匀，南方多，北方少，北方许多地区经常出现干旱，水资源紧缺。随着科技、工业的高度发展，地表水和地下水所受污染越来越重，导致可使用的水资源日益减少。

② 季风

季风是由于大陆和海洋在一年之中增热和冷却程度不同，在大陆和海洋之间大范围的、风向随季节有规律改变的风。有季风的地区可出现雨季和旱季等季风气候。世界上季风明显的地区主要有东亚、南亚、北美东南部、非洲中部、南美东部以及澳大利亚北部，其中以东亚季风和印度季风最著名。

③ 旱季

旱季与雨季相对，是指在一定气候影响下，某一地区每年少雨干旱的一个月或几个月。水资源稀少的地区，每逢旱季常常会出现生产生活用水紧张，甚至是饮水困难。由于旱季多高温天气，一些致病微生物生长繁殖速度较快，如果不注意清洁卫生，很容易发生胃肠道疾病。

10 珍惜水资源

水是一种人们最为熟悉的物质，在我们人类生活的地球上，空中云雾弥漫，山间溪流潺潺，地上江河奔腾，大海波浪滔天，无论天上还是地下，到处都有水的存在。所以，千百年来，在人们的印象中，地球上的水是极其丰富的，是取之不尽、用之不竭的，是一种极其普通的、没有什么价值的物质，甚至还有人片面地认为水是无关紧要的，是不值得去珍惜的。其实不然，地球上可利用的水是有限的。从表面上来看，地球表面的70%以上为水所覆盖，但其中97%以上的水是海水。海水中含有氯化钠、氯化镁等物质，既不能直接饮用，又不能灌溉农田。在余下的不到3%的淡水中，大部分是人类难以利用的两极冰盖、高山冰川。人类真正能够利用的只是江河湖泊中的水及浅层地下水，这部分水又被称为水资源。可见世界上的水资源是极其有限的，并且这部分水还会因为人为活动造成的污染而损失一部分。

从上面可以看出，水资源不如人们所想象的那样丰富，而且随着世界人口的迅速增长、城市的发展、工农业生产的发展，对水的需求量也迅速增加，所以必须珍惜水资源。

① 淡水

每升水含盐量小于0.5克的属于淡水。地球上淡水总量的68.7%都是以冰川的形态出现的，并且分布在难以利用的高山和南北极地区，

还有部分埋藏于深层地下的淡水很难被开发利用。人们通常饮用的都是淡水，并且对淡水资源的需求量愈来愈大，目前可被直接利用的是湖泊水、河床水和地下水。

② 冰川

冰川也称冰河，是指大量冰块堆积形成如同河川的地理景观，在世界两极和两极至赤道带的高山均有分布。地球上陆地面积的1/10被冰川所覆盖，而约70%的淡水资源就储存于冰川之中。按照冰川的规模和形态可分为大陆冰川和山岳冰川（又称高山冰川）。

③ 水污染

水污染是一种由于污染物进入河流、海洋、湖泊或地下水等水体后，水体的水质和水体沉积物的物理性质、化学性质或生物群落组成发生变化，从而降低了水体的使用价值和使用功能的现象。

▲ 海水

11 世界水日

为了防患于未然，早在1977年联合国就对世界发出警告：石油危机之后的下一个危机就是水危机。许多环境专家多年来也奔走呼吁，21世纪水源问题会取代能源问题而居各种问题之首。在1993年第47届联合国大会上，面对世界水荒日益严重的局面，根据联合国环境与发展大会在《21世纪行动议程》中提出的建议，确定每年的3月22日为“世界水日”，旨在使全人类都来关心水资源问题，呼唤地球的儿女们要珍惜每一滴水。

为了配合这一行为，中国水利部决定每年的3月22日至28日为“水

▲ 世界水日宣传画

法宣传周”。当今世界，几乎所有的国家都在某种程度上存在着缺水的问题。瓦利·思道指出：在未来的50年里，水资源将会替代石油成为国家之间或民族之间战争爆发的导火线。

在人类面临水资源危机、水体污染日益严重的情形下，我们每一个地球公民，都应该正视水资源现状，饮水思源，积极行动起来，珍惜宝贵的水资源，节约用水，严防水污染，让生命之水永不枯竭，源远流长。

① 联合国

联合国是一个由主权国家组成的国际组织，成立的标志是《联合国宪章》在1945年10月24日于美国加州旧金山签订生效。联合国现在共有193个成员国，它致力于促进各国在国际法、国际安全、经济发展、社会进步、人权及实现世界和平方面的合作。

② 石油

石油又称原油，属于化石燃料，是一种黏稠的深褐色液体。石油的性质因产地而异，黏度范围很宽，可溶于多种有机溶剂，不溶于水，但可与水形成乳状液。地壳上层部分地区有石油储存，它是古代海洋或湖泊中的生物经过漫长的演化而形成的。

③ 民族

民族属于历史范畴，有其发生、发展和消亡的过程。马克思认为，民族是“人们在历史上形成的一个有共同语言、共同地域、共同经济生活以及表现于共同文化上的共同心理素质的稳定的共同体”。中国是一个多民族国家，共有汉族、满族、回族、蒙古族等56个民族。

12 鲜为人知的水

水从相变的角度可以分为固态水（冰）、液态水和气态水（水蒸气）；按在地球上存在的部位可分为大气水、地表水、土壤水、植物水及地下水等。这些水体的形式转化是近年来水文科学研究的重要方向之一。

此外，自然界还有一些特异的水，如磁化水，指在一定的流速下通过磁场的水。磁化水可用来清除水垢；如果用来灌溉农作物，可以加快作物生长。近年来的研究表明，这种水对人体循环系统、消化系统都有益处。

▲ 固态水

如果把颗粒直径为微米级的铁氧体磁粉，在皂化剂的作用下溶解在普通水中，这种水就称为磁水。磁水的密度比水大，浮力也很大，甚至钨球都可在其中浮动。

在工业和日常生活中还有一种银质水。古代，波斯国王远征时，就把水储存在银器里，古印度人也曾把烧红的银

浸泡在水里，这样做可消除水中致病的微生物。现在银质水广泛应用于装制黄油罐头、人造奶油、牛奶、矿泉水和果汁等。银质水还被用于医疗卫生，如医治胃肠疾病、胆囊炎、眼疾、烧伤等。

❶ 水文

水文是指自然界中水的变化、运动等各种现象。就像我们所熟知的“天文”一词一样，“水文”现今又可指研究自然界水的时空分布、变化规律的一门边缘学科。

❷ 土壤水

土壤水是土壤中各种形态的水分的总称，指在101.325千帕的气压下，在105℃条件下能从土壤中分离出来的水。土壤水是植物生长和生存的物质基础，它不仅影响林木、大田作物、蔬菜、果树的产量，还影响陆地表面植物的分布。

❸ 水垢

水垢是水受热后从中沉淀出的化合物和杂质的混合物。开水壶用久了，内壁会长出一层厚厚的水垢，这种现象说明，看起来清亮透彻的水里有杂质。水中还有各种从产生、运输到储存所溶解的矿物质，如果我们在一块干净的玻璃片上滴一滴水，等到水滴干后，玻璃片上留下水痕，这就是水里溶解的矿物质。

13 瀑布

大地上的水就像母亲的乳汁一样，哺育着地球上的所有生命。它不仅广泛被应用于人们的生活和生产中，而且在自然界中还创造了各种奇特的景观，把大自然装扮得绚丽多姿，给人类带来了无穷的欢乐和美的享受。

瀑布是水在自然界创造的一种分布最为广泛且最引人注目的奇观。它在地质学上又称跌水，是河水在流经断层、凹陷等地区时垂直的跌落。瀑布按不同划分原则可分成多种类型，如据瀑布水流的高宽比例可划分为垂帘型瀑布和细长型瀑布；据瀑布有无跌水潭可分为有瀑潭型瀑布和无瀑潭型瀑布；据瀑布岩壁的倾斜角度可划分成悬空型瀑布、垂直型瀑布及倾斜型瀑布等。

在河流的区段内，瀑布是一种暂时性的特征，它最终会消失。在某种情况下，瀑布的位置会因陡坎或悬崖被水流冲刷而向上游方向消退；而在另一些情况下，这种侵蚀作用又会倾向于向下深切，并将斜切含有瀑布的整个河段。随着时间的推移，这些因素的任何一个或两个起作用，河流不可避免的趋势就是消灭任何可能形成的瀑布。

① 悬崖

悬崖的地质多属火成岩，是角度垂直或接近角度垂直的暴露岩石，是一种被侵蚀、风化的地形。在河岸、海岸、山区里，常能看见悬崖。太阳系最高的悬崖是天王星的卫星天卫五上的维罗纳断崖，高约10千米。

▲ 瀑布

② 莫西奥图尼亚瀑布

莫西奥图尼亚瀑布位于非洲赞比亚和津巴布韦交界处的巴托卡峡谷中。瀑布呈“之”字形，绵延97千米。其中主瀑布高达122米，宽达1800米。瀑布被几个小岛分成五股倾泻而下，发出隆隆巨响，激起阵阵水雾，远在15千米之外就能听见它雷鸣般的巨响。

③ 世界上落差最大的瀑布

世界上落差最大的瀑布是安赫尔瀑布，位于南美洲的委内瑞拉。安赫尔瀑布落差达979米，位于圭亚那高原最高处的西北侧，在卡拉奥河的支流上。这里到处是浓密的森林，崖壁上云层密布。远远望去，只见云层中一条白练似的瀑布飞泻而下，气势十分壮观。

14 绚丽的潮汐

海潮是水在自然界的又一杰作，人们把海水的涨落叫作潮汐。潮汐是沿海地区的一种自然现象，是指海水在天体（主要是太阳和月球）引潮力作用下所产生的周期性运动，习惯上把海水垂直方向的涨落称为潮汐，把海水在水平方向的流动称为潮流。潮汐是有周期的，可分为半日潮、全日潮和混合潮。

人们到海边去旅游，都喜欢观看潮起潮落的情景。涨潮时，海水犹如冲锋陷阵的士兵，杀气腾腾地怒吼着，汹涌的浪头一浪高过一浪，向岸边涌来，撞击着礁石，冲刷着沙滩，发出雷鸣般的响声。落

▲ 潮汐

潮时，海水如同撤退的士兵，慢慢地停止了奔腾，在海滩上留下五光十色的贝壳。潮涨潮落有着变幻无穷的风采，尤其是每年两次的特大潮更为壮观。世界上潮差最大的地方在加拿大芬地湾，那里最大潮高达18米。世界最著名的观潮胜地是中国浙江海宁盐官镇，那里的钱塘江大潮堪称天下一绝。

潮汐这一引人入胜的海水运动现象与人类的关系非常密切，航运交通、海港工程、军事活动、水产业等都与潮汐现象密切相关。特别是在如今这个能源紧缺的时代，对海面不知疲惫的涨落运动中所蕴藏的巨大能量的开发利用是非常具有前景的。

① 沙滩

沙滩就是沙子淤积形成的沿水边的陆地或水中高出水面的平地。随着人类文明的飞速发展，沙滩已成为人们休闲、娱乐及运动的主要场所之一，如海边旅游度假、沙滩排球运动等。沙滩的颜色不只是金黄色，还有白色、黑色和红色等。

② 地球引力

在地球上，我们之所以不会像在太空里一样飘起来，就是由于我们的地球具有吸引一切接近它的物体的能力，这种能力在科学范畴被称为“万有引力”。它是由牛顿因为一个从树上掉下的苹果所引发的思考而提出的。

③ 潮汐发电

潮汐发电原理类似普通的水力发电，在涨潮时将海水储存在水库内，以势能的形势保存，然后在落潮时放出海水，利用高、低潮位之间的落差，推动水轮机旋转，带动发电机发电。

15 千姿百态的泉

泉是地下水的露头。由于地下水流经的岩层和所处的地质构造、水文地质条件千变万化，因而会出现各种稀奇古怪的泉。有的泉滴滴渗出，清澈晶莹，有的奔腾突起，声若雷鸣，但尤为引人注目的还是那些千姿百态、景象奇特的奇泉：鼓动则泉流、声绝则水竭的声震泉，一天甜一天酸的甘泉，定时喷水的间歇泉等。

泉是地下含水层或含水通道呈点状出露地表的地下水涌出现象，是地下水集中排泄的形式。需要有适当的地质、地形条件才会形成泉。

▲ 泉

泉可分为许多种类，按照泉水出露时水动力学性质、水温、化学成分、功能以及酸碱度等，可将泉分为上升泉、下降泉、冷泉、温泉、矿泉、理疗泉、饮用泉、观赏泉等。泉水的流量主要与泉水补给区的面积和降水量的大小有关。泉水的流量是随时间变化的，补给区越大、降水越多，则泉水

流量越大。流量大而稳定的泉，通常可成为良好的供水水源，如中国北方最大的泉——娘子关泉群，位于山西平定县，1959—1977年的平均流量为每秒12.7立方米，是工农业用水的一个重要水源地。

① 地下水

地下水是指埋藏和运动于地面以下各种不同深度含水层中的水。地下水是水资源的重要组成部分，由于其水质好，水量稳定，所以是农业灌溉、城市和工矿的重要水源之一。不过在一定的条件下，地下水的变化也会引起沼泽化、盐渍化、滑坡、地面沉降等不利自然现象。

② 岩层

岩层是覆盖在原始地壳上的层层叠叠的岩体。地质历史上某一时代形成的一套岩层则称为那个时代的地层。根据划分依据的不同，组成地壳的岩层可划分为岩性地层、生物地层和年代地层。

③ 酒泉

在古巴南部海面的圣萨尔瓦多岛上，有一奇泉，它每天三次喷水，泉水均带有淡淡的酒香，饮后满口生津、精神倍增。在新婚大喜之日，新人常与亲友一起痛饮这种“天然酒浆”，因为“酒泉”象征着健康长寿、白头偕老。

16 水的奇妙循环

地球上的水可分为三大类型：大气水、地表水、地下水，三者相互联系，形成一个连续的水圈。这个水圈中的各种水在不停地运动着，通过蒸发、冷凝、降水等连续不断的循环运动，科学上称之为水的循环。

水的循环运动每时每刻都在全球范围内进行着，它可以发生在海洋与海洋上空之间、陆地与陆地上空之间，也可以发生在海洋和陆地之间。水的循环过程可分为以下三个步骤：

一是蒸发和升腾的水分子进入大气。水分子吸收太阳辐射后，从海洋、湖泊、江河及潮湿的土壤表面等蒸发到大气中去。生长在地表的植物，通过茎叶的蒸发将水扩散到大气中，植物的这种蒸发作用称为蒸腾。通过蒸发和蒸腾，水质都得到了纯化。

二是以降水形式返回地面。水分子进入大气后，变为水汽随气流运动，在运动过程中，遇冷凝结形成降水，以雨或雪的形式降落到地面。降水给地球带来淡水，是陆地水资源的根本来源，养育了地球上的生灵万物，同时降水还能使空气净化，把一些污染物从大气中洗去。

三是重新返回蒸发点。当降水到达地面后，一部分渗入地下，补给地下水；一部分流向低洼的湖泊或河流，最后百流归海，水又回到海洋、河流、湖泊等蒸发点。这就是自然界的水循环。

▲ 水循环

① 水蒸气

水蒸气简称水汽，是水的气态形式。当水在沸点以下时，水缓慢地蒸发成水蒸气；当水达到沸点时，水就变成水蒸气；而在极低压环境下，冰会直接升华变成水蒸气。水蒸气是一种温室气体，可能会造成温室效应。

② 降水

大气中的水汽以各种形式降落到地面的过程就叫作降水，如雨、雪、霜、露、雾等天气现象。一般形成降水要符合如下条件：一是要有充足的水汽，二是要使气体能抬升并冷却凝结，三是要有较多的凝结核（空气中的悬浮颗粒）。

③ 太阳辐射

太阳辐射是指太阳向宇宙发射的电磁波和粒子流（一种具有一定能量的、抽象的物质）。虽然地球所接受的太阳辐射能量仅为总辐射能的二十亿分之一，但地球大气运动的主要能源却来自于它。

17 水循环与万千气象

水循环是地球上的水从地表蒸发，凝结成云，降水到径流，积累到土中或水域，再次蒸发，周而复始的循环过程。推动水循环的永恒动力是太阳辐射，太阳辐射促使地面增热、海水蒸发、冰雪消融、大气流动等。据科学家估计，地球接受的太阳能约有23%消耗于海洋表面和陆地表面的蒸发，当水汽凝结时，这些能量又被重新释放出来。

自然界的水从多年长期的观点来看，大体上是平衡不变的：全球海洋表面和陆地表面的总蒸发量等于海洋表面和陆地表面的总降水量。但是，这种自然状态的水循环，有时会因大面积森林砍伐、修筑

▲ 水库

水库等人为因素的影响而有所变化。

水循环是自然界最重要的物质循环之一。由于水的循环，水得到了净化。水通过蒸发、蒸腾进入大气时，将大部分杂质留了下来，雨水到了地面经过砂石的过滤和沉淀，成为洁净的水源。水的循环使全球的水量和热量得到均衡调节，也正是由于水的循环，自然界才气象万千、生机盎然。假如水的循环停止，人们将再也看不到电闪雷鸣、阴晴雨雪，当然，自然界里的一切也将不会存在。

① 蒸发量

水由液态或固态转变成气态并逸入大气中的过程称为蒸发。在一定时段内，水分经由蒸发而散布到空中的量就是蒸发量。一般湿度越小、温度越高、气压越低、风速越大则蒸发量就越大，反之蒸发量就越小。一个少雨地区，如果蒸发量很大，极易发生干旱。

② 水库

水库是一种具有拦洪蓄水和调节水流功能的水利工程建筑物，可以用来灌溉、防洪、发电和养鱼。通常在山沟或河流的峡口处建造拦河坝而形成的人工湖便是水库。水库按库容大小可划分为大型、中型、小型等。有时天然湖泊也可以称为水库（天然水库）。

③ 闪电

闪电是云与云之间、云与地之间或者云体内各部位之间的强烈放电现象。如果在两根电极之间加很高的电压，并将它们慢慢地靠近，靠到一定的距离时，在它们之间就会出现电火花，这就是所谓的“弧光放电”现象。雷雨云产生闪电的过程与其非常相似。

18 水体自净（一）

水体经过物理、化学和生物的作用，使排入的污染物质的浓度和毒性，随着时间的推移，在向下流动的过程中自然降低，经过一段时间后，水体将恢复到受污染前的状态，这一现象就称为水体的自净作用。也可简单地说，水体受到污染后，逐渐从污水变成清洁水的过程，称为水体自净。

水体的自净过程很复杂，按机理可以分为物理自净过程、化学自净过程和生物自净过程。

物理自净是指稀释、沉淀、吸附等作用使水体中的污染物浓度降低的过程。如废水排入河流后，首先与河水混合。由于水流作用，污染物被充分扩散，均匀地分布于河水中，于是污染物得到稀释，浓度降低。河流的稀释能力主要来源于两种运动形式：一是污染物受河水推动沿着水流方向运动，流速越大，单位时间内单位面积输送的污染物数量就越多；二是污染物进入水流后，使水流中产生了浓度差，污染物将在浓度差驱动下由高浓度向低浓度方向扩散迁移，显然，浓度差越大，通过单位面积扩散的污染物的数量就越多。上述两种运动形式是同时存在而又相互影响的。河流稀释能力的大小与河流的流速、流量有关。流速越快，污染物扩散越快；流量越大，稀释倍数越高，污染物浓度也越小。

▲ 三峡库区污染

❶ 环境容量

环境容量是在环境管理中实行污染物浓度控制时提出的概念。某一特定的环境对污染物的容量是有限的。其容量的大小取决于环境空间的大小、各环境要素的特性以及污染物自身的物理化学性质。如果污染物浓度超过环境所能承受的极限，环境将受到破坏。

❷ 吸附

吸附是当流体与多孔固体接触时，流体中某一组分或多个组分在固体表面产生积蓄的现象。在固体表面积蓄的组分称为吸附物或吸附质，多孔固体称为吸附剂。吸附作用是催化、脱色、脱臭、防毒等工业应用中必不可少的单元操作，可分为物理吸附和化学吸附。

❸ 污染物

污染物是指进入环境后能够直接或者间接危害人类的物质。污染物类型很多，如按污染物的来源可分为自然来源的污染物和人为来源的污染物；按受污染物影响的环境要素可分为大气污染物、水体污染物、土壤污染物等；按污染物的形态可分为气体污染物、液体污染物和固体污染物等。

19 水体自净（二）

化学自净是氧化、还原、中和、分解、凝聚等作用使水体中污染物浓度降低的过程。其中尤以氧化还原反应为主，即可氧化的物质被水中的氧气所氧化，从而使水中的污染物在化学性质，特别是溶解度、挥发和扩散能力等方面发生很大变化。

生物自净是指水中生物，尤其是水中微生物对有机物的氧化分解作用而引起的污染物质浓度降低的过程。它是水环境中最主要的净化过程，可分为好气自净和厌气自净两类。

好气自净是指水中微生物在溶解氧充足的情况下，将一部分有机

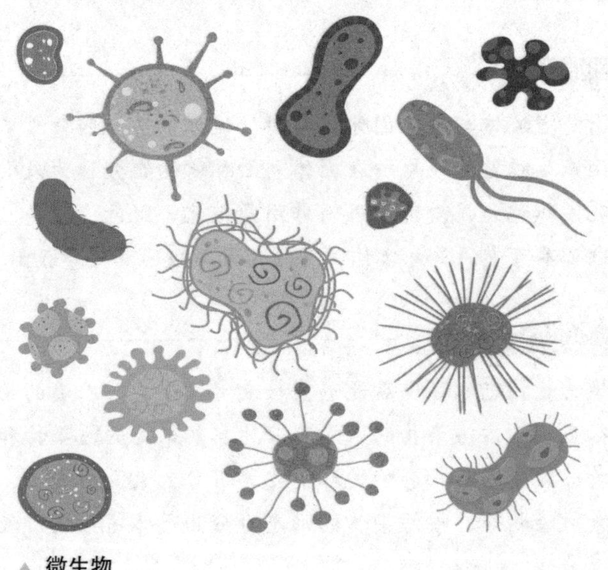

▲ 微生物

污染物当作食饵消耗掉，又将另一部分氧化物分解成无害的、简单的无机物的过程。

厌气自净是在缺氧的还原状态下进行的。在此过程中，厌氧性细菌和原生动物将腐败性有机物中含有的蛋白质、脂肪、碳水化合物等分解，产生硫化氢、甲烷、氨、低分子脂肪酸等，使河水颜色变黑，并伴有臭气产生。

① 微生物

微生物是指一切肉眼看不见或看不清的生物，个体微小，结构简单，通常要用光学显微镜或电子显微镜才能看清楚，包括病毒、细菌、丝状真菌、酵母菌等。微生物有五大特性：体积小，面积大；吸收多，转化快；生长旺，繁殖快；适应强，易变异；分布广，种类多。

② 有机物

有机物又称有机化合物，是生命产生的物质基础，主要由氧元素、氢元素、碳元素组成，例如天然气、石油、染料、棉花、化纤、天然和合成药物等，许多与人类生活有密切关系的物质均属有机化合物。

③ 碳水化合物

碳水化合物又称糖类化合物，主要由碳、氢、氧组成，是自然界存在最多、分布最广的一类重要的有机化合物。食物中的碳水化合物分成两类：人可以吸收利用的有效碳水化合物和人不能消化的无效碳水化合物。碳水化合物是为人体提供热能的三种主要的营养素中最廉价的一种。

20 天然水的本色

▲ 基本无污染的水体

天然水的化学成分、含量在不受污染的情况下所保持的状态，就是天然水的本色，在教科书中被称为水的环境本底，即水的环境背景。它反映了天然水在自然界存在和发展过程中本身原有的化学组成和特色。然而，随着环境污染的日益严重，在地球上已经找不到不受污染的水体了。所谓环境本底，只是一个相对的概念，它只是相对于不受或少受污染的情况下环境各组成要素的基本化学成分和含量。

水环境本底，是进行水环境评价和水源保护不可缺少的基础资料。正确确定水环境的本底，是水环境研究的重要前提。一条河流、一个湖泊或者一个区域的地下水，它们的环境本底的形成，受所在地区自然条件的影响，其中地质构造、岩石组成、岩石地球化学状况、土壤类型等是影响环境本底的主要因素，气候条件、地形条件、水文条件、生物种类等也起到了一定的作用。

调查研究某一地区的地表水、地下水是否被污染，要以它的本底为基础来衡量。各地水体的本底值不尽相同，所以要分别制定水环境的本底值。

① 环境评价

环境评价是环境质量评价和环境影响评价的简称。环境质量评价是从环境卫生学角度按照一定的评价标准和方法对一定区域范围内的环境质量进行客观的定性和定量调查分析、评价和预测。环境影响评价就是分析项目建成投产后可能对环境产生的影响，并提出污染防治对策和措施。

② 气候

气候是长时间内气象要素和天气现象的平均或统计状态，时间尺度为月、季、年、数年到数百年以上。气候的形成主要是由热量的变化而引起的。气候以冷、暖、干、湿等特征来衡量，通常由某一时期的平均值和离差值表征。

③ 地质

地质是指地球的性质和特征，主要是指地球的物质组成、构造、发育历史等，包括地球的圈层分异、化学性质、物理性质、矿物成分、岩石性质、岩体与岩层的产出状态和接触关系，地球的生物进化史、构造发育史、气候变迁史，以及矿产资源的赋存状况和分布规律等。

21 水体污染

由于污染物进入河流、海洋、湖泊或地下水等水体后，水体的水质和水体沉积物的物理性质、化学性质或生物群落组成发生变化，从而降低了水体的使用价值和使用功能的现象，称为水体污染。

水体污染的原因有两类：一类是自然污染，雨水对各种矿石的溶解作用所产生的天然矿毒水和火山爆发或干旱地区的风蚀作用所产生的大量灰尘落入水体而引起的水污染等都属于自然污染；另一类是人为污染，就是人类生产、生活向水体排放大量的工业废水、生活污水和各种废弃物而造成的水质恶化。后者的影响是主要的、严重的。在人为污染源中，工业引起的水体污染最严重、最复杂，造成的环境灾害事件也最令人触目惊心。

水污染危害极大。污水中的致病微生物、病毒等可引起传染病的蔓延；水中的有毒物质可使人畜中毒，甚至死亡；严重的水污染可使鱼虾大量死亡，给渔业生产带来巨大损失；污水还会污染农作物和农田，使农业减产；水污染还会造成其他环境条件的下降，影响人们的游览和休养等。所以，应减少废水和污染物的排放量，妥善处理城市工业废水，并加强监督管理。

① 水质

水质就是水的质量，它标志着水体的物理（如色度、浊度、臭

味等）、化学（无机物和有机物的含量）和生物（细菌、微生物、浮游生物、底栖生物等）的特性及其组成的状况。为评价水体质量的状况，人们规定了一系列水质参数和水质标准。

▲ 被污染的河道

② 火山爆发

火山爆发又称火山喷发，是一种奇特的地质现象，是地壳运动的一种表现形式，也是地球内部热能在地表的一种最强烈的显示。因岩浆性质、火山通道形状、地下岩浆库内压力等因素的影响，火山喷发的形式有很大差别，一般可分为裂隙式喷发和中心式喷发。

③ 渔业

渔业是人类利用水域中生物的物质转化功能，通过捕捞、养殖和加工以取得水产品的社会产业部门，一般分为海洋渔业、淡水渔业。中国拥有1.8万多千米的海岸线、20万平方千米的淡水水域、1000多种经济价值较高的水产动植物，发展渔业前景广阔。

22 工业污染源

▲ 排污口

在人为污染源中，工业污染源占据主要地位。工业生产的废水、废物垃圾，不但涉及面广、量大，而且所含污染物成分复杂，在水中不易被净化，处理起来也比较困难。工业引起的水体污染在世界上的发达国家是从19世纪蒸汽机发明以后开始的，而发展中国家相对晚些。

工业废水的污染在工业污染源中占的比重较大，是当今环境治理中的一个重难点。其中所含的污染物，因工厂种类的不同而不同，即使同一工厂，由于生产过程和工艺的不同，排放出的污水的质和量也都不相同。

固体废物和废气是从工矿企业排出的一类污染水体的物质。如加工过的残渣和废料或直接投弃到河流中造成污染，或露天置放，再经雨水淋溶冲刷，其中的有害物质就会进入水体而造成污染。

从工厂烟囱排放出来的有毒、有害粉尘、废气，或直接降落水中，或被雨水带入水体，其中的有毒成分虽然含量很少，但却具有很大的危害。另外，工厂的突发事故，如旧设备的损坏、原材料的泄漏等，常常会引起大规模的、可怕的、突发性的环境污染。

① 蒸汽机

蒸汽机是将蒸汽的能量转换为机械功的往复式动力机械。蒸汽机需要一个使水沸腾产生高压蒸汽的锅炉，这个锅炉可以使用木头、煤、石油或天然气甚至垃圾作为热源。世界上第一台蒸汽机是由古希腊数学家希罗于1世纪发明的汽转球，不过它只是一个玩具而已。

② 烟囱

烟囱是最古老、最重要的防污染装置之一，是将烟气导向高空的管状建筑物，主要作用是拨火拔烟，排走烟气，改善燃烧条件。当室内温度高于室外温度时，高层建筑内可能产生烟囱效应。在烟囱效应的作用下，室内有组织的自然通风、排烟排气得以实现，但烟囱效应也具有负面影响。

③ 淋溶作用

淋溶作用是指一种由于雨水天然下渗或人工灌溉，上方土层中的某些矿物盐类或有机物质溶解并转移到下方土层中的作用。淋溶作用是地表一种重要的风化作用，有时会形成矿床。在石灰岩地区中，长期淋溶可使岩层大量消失，有时也残积成铝矿床。

23 农业污染源

农村污水和灌溉水也是水体污染的主要来源。由于农村地域广阔，污染源量小并且分散，而且有曲折渠道，故不易引起大家的注意。但实际上，某些世界性的污染问题，如农药污染，就来自农业污水。早在20世纪60年代初期，由于汇入到密西西比河中的杀虫剂严重超标，1000万~1500万条鱼被毒死，河面上成片的死鱼让两岸的人感到了恐慌。

近几十年来，农业的发展曾一度过于依赖化肥。大量施用化肥，虽可以增补土壤中的营养物，但无疑会使硝酸盐在土壤和水体中大量积蓄，甚至超过世界卫生组织规定的极限值，造成水体的严重污染。

随着现代化农业和畜牧业的发展，特别是大型饲养场的增加，大量的污水从牲圈中排出，其中含有较多有机质的污染水深入地下或排放到河流中。经测定，牛圈水中的有机物可达每升4300毫克，猪圈水中的有机物每升可达1200~1300毫克。这些有机物易被微生物分解，其中含氮有机物经过氨化作用形成氨，再经硝化作用形成硝酸盐类物质，引起水污染。

大面积的农田灌溉，使化肥、农药在广大的灌区进入水体，造成大面积污染。在这些地区，河流、水库、地下水都会出现污染。

① 杀虫剂

杀虫剂是主要用于防治农业害虫和城市卫生害虫的药品。其使用的历史非常长远，而且用量大、品种多。按作用方式可分为胃毒剂、触杀剂、熏蒸剂、内吸杀虫剂；按毒理作用可分为神经毒剂、呼吸毒剂、物理性毒剂和特异性杀虫剂；按来源可分为无机和矿物杀虫剂、植物性杀虫剂、有机合成杀虫剂、昆虫激素类杀虫剂。

② 化肥

化肥是化学肥料的简称，是以矿石、酸、合成氨等为原料经化学及机械加工制成的肥料，可为作物提供生长所需的常量营养元素（如碳、氢、氧、氮、磷、钾、钙、镁、硫等）和微量营养元素（如硼、铜、铁、锰、钼、锌、氯等），但过多地施用化肥会对环境造成负担，甚至破坏环境。

③ 世界卫生组织

世界卫生组织是联合国下属的专门机构，国际最大的公共卫生组织。其宗旨是使全世界人民获得尽可能高水平的健康。它的总部设于瑞士日内瓦。

▲ 过量施用化肥可导致水体污染

24 城市污水

城市的发展、扩大给环境带来的污染是目前全世界面临的一个严重问题。高密度的人口所产生的城市污水、垃圾和废气，已成为水体污染的重要污染源。在一些发达国家，生活污水的污染负荷量已超过工业废水的污染负荷量。

所谓城市污水，一般是指排入城市污水管网的各种污水的总和，有生活污水，也有一定量的工业废水。此外，还有垃圾场的浸出液。

▲ 生活污水

生活污水是人们日常生活中产生的各种污水的混合液，其中包括浴池、厨房、洗涤室排出的污水，厕所排出的粪便污水等。有些国家，汽车冲洗场的污水也在生活污水中占有一定的比例。在上述污水中，各种洗涤水占有比较大的比例。洗涤水中99.9%是水，固体物质不到0.1%。这些洗涤水虽然也含有微量金属，如锌、铜、铬、锰、镍和铅等，但其中所含的多数物质是无毒的。洗涤水无机成分的85%～95%

是可溶性物质，有机成分为各种氨基酸与有机酸、醇、醛、酮、尿素等，它们也属于可溶性物质。

生活污水总的特点是含氮、硫、磷等，在厌氧菌的作用下，容易生成恶臭物质。

工业废水包括生产废水和生产污水，是指工业生产过程中产生的废水和废液，其中含有随水流失的工业生产用料、中间产物、副产品以及生产过程中产生的污染物。随着工业的发展，废水的种类和数量迅猛增加。因此，对于保护环境来说，工业废水的处理比生活污水的处理更为重要。

① 微量元素

微量元素是相对于大量元素来划分的，根据寄存对象的不同可以分为多种类型，目前较受关注的主要是两类，一种是非生物体（如岩石）中的微量元素，另一种是生物体中的微量元素。人体所需的微量元素有铁、锌、铜、锰、铬、硒、钼、钴、氟等。

② 尿素

尿素是由碳、氮、氧和氢组成的有机化合物。尿素在肝合成，是动物蛋白质代谢后的产物，外观为白色晶体或粉末。尿素通常用作植物的氮肥。尿素是第一种以人工合成无机物质而得到的有机化合物。

③ 厌氧菌

厌氧菌是一类在无氧条件下比在有氧环境中生长要好的细菌。这类细菌缺乏完整的代谢酶体系，其能量代谢以无氧发酵的方式进行。厌氧菌根据对氧气的耐受程度可分为对氧极端敏感的厌氧菌、中度厌氧菌和耐氧厌氧菌。

25 减少废污排放

▲ 减少废污排放

由于水污染主要是由工业废水和生活污水的任意排放造成的，所以要控制和进一步消除水污染，必须从控制废水的排放入手，将防、治、管三者结合起来。

减少废水和污染物的排放量，并降低其中有害物质的浓度是防治水污染的首要问题。在这方面潜力很大，办法很多，只要我们努力去做，就会收到显著的效果。

首先应改革生产工艺，努力提高原料利用率，尽量不用或少用水，尽量少用或不用会产生污染的原料、设备和生产技术。这是减少废水数量、减少污染的最根本的措施。

其次可尽量采用全封闭式或半封闭式循环用水系统，使废水在一定的生产过程中多次重复使用，减少新水补充，少排废水。如高炉煤气洗涤废水经沉淀、冷却后可再次用来洗涤高炉煤气，并可不断

循环。

最后，要尽量使流失至废水中的原料与水分离，就地回收，变废为宝，化害为利，这样既可减少生产成本，又可大大降低废水浓度，减轻污水处理负担。如造纸废液碱度大、有机物浓度高，是一项重要污染源，但可从中回收碱或二甲基亚砜等有用物质。

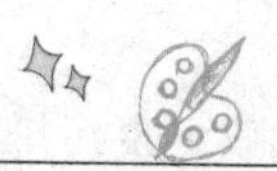

① 循环用水

循环用水是指工厂、车间或工段的给水、排水系统组成的一个闭路循环的用水系统，将系统内产生的废水经适当处理后重复使用，不补充或少量补充新鲜水而不排放或少排放废水的用水方式。这种用水方式不仅减少了污水排放量，还节约用水。

② 高炉煤气

高炉煤气是高炉炼铁过程中产生的含有一氧化碳、氢等可燃气体的高炉排气。它是一种低热值的气体燃料，可以作为冶金企业的自用燃气，如预热钢水包，也可以供给民用。如果能够加入焦炉煤气成为“混合煤气”，就可以提高热值。

③ 碱度

碱度是表征水吸收质子的能力的参数，通常用水中所含有的能与强酸定量作用的物质总量来标定。自然水体碱度通常是由碳酸盐、碳酸氢盐及氢氧离子造成的。碱度指标常用于评价水体的缓冲能力及金属在其中的溶解性和毒性，是对水和废水的处理过程进行控制的判断性指标。

26 加大废水处理

减少废污排放、改革生产工艺等之后，仍会有一定数量的工业废水和生活污水排放，如果不经处理，任意排放，必将污染水体，污染环境。为了确保水体不受污染，必须在废水排入水体以前进行净化处理，使其实现无害化。

大型企业及某些特殊的企业应建有自己的污水处理厂来处理工业废水。电厂污水、冶金企业污水等容易处理，但是化工、医药等行业的污水处理较难，应采取特殊的技术。根据大中城市的不同情况，可建立不同处理深度的城市污水处理厂。对于中小城市，适合建立中小

▲ 污水处理厂

型污水处理厂或其他诸如氧化塘等处理设施。

除建立污水处理厂外，还应加强监督管理。经常性的监测和科学的管理可以使水污染的防治工作有目标、有方向地进行。这是不可缺少的一环。应建立统一的管理机构，颁布有关法规、条例，制定出工业废水及生活污水的排放标准，对工业废水的排放量和废水浓度进行严格的监测和管理。实行污染物排放总量控制，排污单位应在总量控制目标以内排污，超量排污必须限期整改并加重收费，以促使其改进工艺，减少废水，从而达到控制污染的效果。

❶ 电厂

电厂是指将某种形式的原始能转化为电能以供固定设施或运输用电的动力厂。按发电的方式可分为火力发电厂（利用燃料燃烧得到的热能发电）、水力发电厂（通过水位落差推动水轮机发电）、风力发电厂（利用风力吹动桨叶旋转带动发电机发电）、核能发电厂（利用原子反应堆裂变放出的能量使水变成蒸汽来驱动发电机发电）。

❷ 污水处理厂

从污染源排出的污染物总量或浓度较高的污水，需要经过人工强化处理，才能达到排放标准要求或适应环境容量要求，从而不至于降低水环境质量，这个处理污水的场所就是污水处理厂。一般分为城市集中污水处理厂和各污染源分散污水处理厂。

❸ 环境监测

环境监测是通过对影响环境质量因素的代表值的测定，确定环境质量（或污染程度）及其变化趋势的过程。环境监测包括化学监测、物理监测、生物监测、生态监测。其监测的对象是自然因素、人为因素和污染组分。

27 微生物处理废水

由于人类活动形成的大量废水不加任何处理就排入地表水中，地表水体发生严重的污染，给人类环境带来了极为不利的影响。为了防止水污染，人们必须对排放的各种废水进行必要的处理，使其中的大量污染物分离出来，或使之转化为无害物质，然后再排放到水体中去。

要处理巨量的废水可不是一件容易的事情。为此，人们想方设法来处理废水，其中有一种处理方法非常奇特，就是利用微生物来吃掉废水中的污染物质。用这种方法处理废水，所用设备简单，投资少，成本低，效率高，深受人们欢迎。

环境科学家通过对某些废水的研究发现，其中的一些污染物恰恰是微生物所需要的营养物质，如废水中的氮、磷等无机元素和大量的有机物等，都是微生物所必需的营养物。如果利用微生物来吃掉它们，岂不是两全其美吗?于是，利用微生物处理废水的方法应运而生。这些可以吃掉污染物质、净化废水的微生物种类有很多，主要有细菌、真菌、藻类、原生动物和一些小型的后生动物。

① 细菌

细菌从广义上讲，是指一大类细胞核无核膜包裹，只存在称作拟

核区（或拟核）的裸露DNA的原始单细胞生物。狭义上来说，它是一类形状细短、结构简单、多以二分裂方式进行繁殖的原核生物。细菌主要由细胞膜、细胞质、核质体等部分构成。

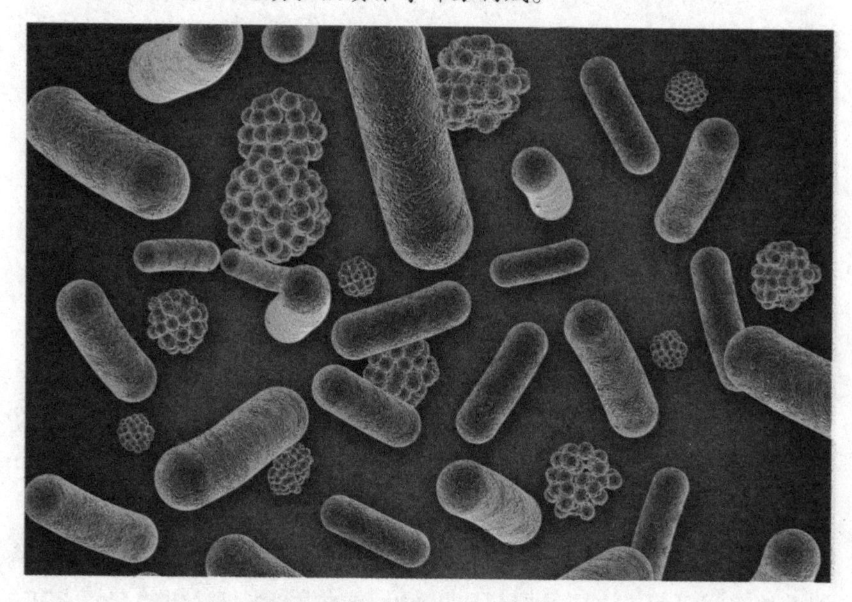

▲ 细菌

② 真菌

真菌是一种真核生物，最常见的真菌是各类蕈，另外真菌也包括丝状真菌和酵母。人们通常将真菌门分为接合菌亚门、鞭毛菌亚门、担子菌亚门、子囊菌亚门和半知菌亚门。真菌是生物界中很大的一个类群，世界上已被描述的真菌有1万属12万余种。

③ 原生动物

原生动物是动物界中最低等的一类真核单细胞动物，由单个细胞组成。原生动物形体微小，最小的只有2～3微米，一般为10～200微米，除海洋有孔虫个别种类可达10厘米外，最大的约2毫米。原生动物一般以有性和无性两种世代相互交替的方法进行生殖。

28 活性污泥治污

当水中有充足的氧和有机物时，存在于水中的微生物将大量繁殖，经过一段时间后，就会产生褐色的絮状物，这种絮状物就称为活性污泥。所以活性污泥就是由许许多多的细菌、真菌、原生动物、部分少量的后生动物等多种微生物组成的一个小小的生态系统。活性污泥中还含有一些无机物和分解中的有机物。微生物和有机物构成活性污泥的挥发性部分，它占全部活性污泥的70%以上。用来处理废水的微生物因所处理废水的性质、地理条件以及温度而有所差异。活性污泥的培养很简单，主要是控制这些微生物的生长温度，供给它们丰富

▲ 污水站管道阀门

的氧气和营养物质即可。

将活性污泥投入废水，并通入空气，使活性污泥分散开来，使之与废水充分接触，这些分散的小污泥经过一段时间之后，吃饱了，喝足了，活性便逐渐减弱，身体也随之变沉，慢慢沉淀下来。这些沉淀下来的污泥经过一定的处理之后，又重新处于饥饿状态，恢复其原有的活性，可以重新吃掉废水当中的营养元素和有机物质。这样不断循环下去，废水就可以得到有效净化。

①活性污泥

活性污泥是微生物群体及它们所依附的有机物质和无机物质的总称，是一种好氧生物处理物质，主要用来处理污废水。活性污泥中复杂的微生物与废水中的有机营养物形成了复杂的食物链，其中微生物群体主要包括细菌、原生动物和藻类等。

②挥发性

一种物质的挥发性是指它从液体或固体变成气体的倾向。一种物质越容易挥发，越有可能消失到空气中。有一类被称为挥发性有机物的污染物，这些化合物一旦暴露到空气中就会迅速地从液体或固体变成气体。

③生态系统

生态系统是指无机环境与生物群落构成的统一整体，其范围可大可小。无机环境是生态系统的基础，它直接影响着生态系统的形态；生物群落则反作用于无机环境，它既适应环境，又改变着周围的环境。

29 城市水灾

随着城市化的加速发展，已出现两个相互对立的事实：一个是城市致灾因素的增强；另一个是城市抗灾能力降低。城市水灾表现比较明显。城市的发展表现为住宅、公用建筑面积及油面道路的迅速增加，这意味着市区透水面积减少。一旦遇有较大降雨，雨水不能及时下渗，将导致地面径流迅速向低洼地区汇集，加重城市的内涝灾害。同时，城区地下水得不到下渗水的补给，地下水位不断下降，再加上地面高层建筑物荷重的增加，使地面沉降加剧。

为了减少城市水灾，许多城市都开展了以疏浚排水河道为主的治河工程，但是人们往往又忽略了另一个事实，即城市河道不同于一般河道，它除了有排涝减灾的作用外，还具有其他多种多样的功能，如为城市提供清洁用水、美化环境、为居民提供安全的避难空间和文化娱乐的空间等。目前，随着城市经济的发展，许多城市已将市内河道治理提到日程上来，开始了治河及河道绿化带的建设。

城市水系综合治理规划包括防洪、排涝、环境、生态、景观等多项目标。在城市建设的同时应当对所丧失的雨洪调节能力进行补偿，如在小区建筑开发的同时设置蓄水池、公园绿地等雨水调节设施，这样可以减少城市内涝灾害的发生，至少可以减轻其灾害发生的严重程度。

▲ 城市内涝

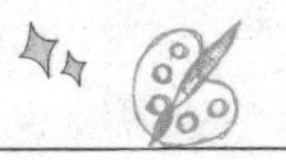

① 内涝

内涝是指强降水或连续性降水超过城市排水能力致使城市内产生积水灾害的现象。传统的内涝防治方法主要是增大城市排水系统的管径，以增加在强降雨或连续性降雨条件下的输水能力。基于中国城市的具体情况，今后内涝的控制将与雨水利用相结合。

② 绿化带

绿化带是指在道路用地范围内供绿化的条形地带。它具有美化城市、消除司机视觉疲劳、净化环境、减少交通事故等作用，可分为高速公路绿化带、城市绿化带和人行道绿化带等。绿化带常见的两种形式就是以绿篱为主的绿化带和以草坪为主的绿化带。

③ 蓄水池

蓄水池是用人工材料修建、具有防渗作用的蓄水设施。根据形状特点可分为圆形和矩形两种，按地形和土质条件可以分为开敞式和封闭式两大类，按建筑材料不同可分为砖池、浆砌石池、混凝土池等。

30 废水的再利用

废水的再利用不仅能改善环境污染的问题，还能有效缓解水资源短缺的问题。废水的再利用可分为两大部分：一是工业废水的再利用，二是家用废水的再利用。

目前，在工业废水处理、再利用方面，低水平回用较多，也就是废水经处理后，出水回用为工业杂用水，例如用于绿化、冲洗地面、水力冲渣等。也可进一步深化处理后，回用于对用水水质要求不是很严格的工艺生产前工序，例如印染工业的深色织物前漂洗和造纸生产的打浆、洗浆等。在可能的条件下，工业废水处理后可再利用为工业

▲ 废水经处理可用于绿化

生产用水，尽可能地减少废水的排放，力求达到零排放。

对于家用废水的再利用，主要是用于盥洗室、厕所、喷洒等，在减少了可饮用水的消耗的同时，又降低了污水的排放负荷。家用废水的再利用系统一般可分为：单独的循环系统，即某一建筑物内产生的废水在本建筑内处理和再利用；区域循环系统，即在某一小区域，如住宅小区或小城镇区域，将废水循环再利用；大区域循环系统，即在某一较大的区域中设立废水处理厂，将区域中的水收集、处理后输送再利用。

① 污水也能喝

新墨西哥州的克劳德克罗夫特和加利福尼亚州的奥兰治郡等一些地区，已具备了将污水加工成饮用水的能力。专家指出，处理过的污水对健康造成的威胁并不比现用饮用水严重，在某些情况下可能更安全。

② 印染

印染又称染整，是一种加工方式，也是染色、印花、后整理、洗水等的总称。早在六七千年前的新石器时代，我们的祖先就能够用赤铁矿粉末将麻布染成红色。中国古代染色用的染料，大都是以天然矿物或植物染料为主。

③ 废水处理厂

废水处理厂是处理废水的场所，在城市也称污水处理厂或污水厂。废水处理的一般目标是去除悬浮物和改善耗氧性（稳定有机物），有时还进行消毒和进一步的处理。依照处理程度和方法，可将其分为三级：一级处理主要是采用沉淀法，二级处理主要采用生物处理法，而三级处理尚未定型。

31 蜿蜒曲折的河流

▲ 河流

河流是一种受一定区域内地表水和地下水补给，经常或间歇地沿着狭长凹地流动的水流。河流的源头一般是在高山上，然后沿着地势向下流，一直流入湖泊或海洋等受水体。

河流中水量的补给来源最主要是雨水，而季节性融雪水、永久性积雪或冰川融水、湖泊水以及沼泽水也是补给河流的重要组分。地下水对河流的补给及人工对河流的补给也是影响河流水文动态的重要因素。河流有陆地河流与海底河流之分，陆地河流就是我们时常见到的地球表面的天然水体，而海底河流是指在重力的作用下，经常或间歇

地沿着海沟槽呈线性流动的水流。气候、地形、土质、植被及人类活动等都会影响河流的流量、走势、含沙量、水质等物理、化学性质，而河流的情况也影响着河流沿岸居民的生活及动植物的生长情况。

中国境内的河流众多，流域面积在1000平方千米以上的就有1500多条，全国径流总量为全球径流总量的5.8%。中国水力资源非常丰富，蕴藏量居世界第一位，但由于中国人口众多，人均占有量并不高。

① 海沟

海沟是深海盆地上或深海盆地边缘狭窄的长条状洼地，边缘陡峭，深度常超过6000米。海沟是海底最深的地方，一般长500～4500千米，宽40～120千米。沿海沟分布的地震带是地球上最为强烈的地震活动带。地球上最深的海沟是马里亚纳海沟，深达11 034米。

② 重力

地球表面附近物体所受到的地球引力就叫作重力。重力是万有引力的一个分力，其方向不一定是指向地心，但总是竖直向下，生活中我们称物体所受重力的大小为物重。重力单位是牛，1牛大约是拿起两个鸡蛋的力。

③ 河流之最

世界上最长的河是尼罗河，全长6671千米。流经国家最多的河是多瑙河，发源于德国，流经9个国家后注入黑海。含沙量最大的河是黄河，每年从中游带下的泥沙约有16亿吨。流量最大的河是亚马孙河，占世界河流流量的20%。

32 河流污染及防治

河流污染是指直接或间接排入河流的污染物造成河水水质恶化的现象。因河流是运动的，所以污染物扩散快，上游遭到污染会很快影响到下游，且河水是主要的饮用水源，它的污染可直接危害到人体，也可通过食物链间接危害人身健康。不过，河流污染程度会随径流量而变化。在排污量相同的情况下，河流径流量越大，污染程度就越低。

造成河流污染的来源有很多，如不重视环保工作的工厂任意排放的工业废水、畜牧和家庭每天产生的污水、置于河边的垃圾所产生

▲ 被垃圾污染的小河流

的垃圾渗出水等。这些污染源排放到河流里恶化了水体质量，破坏了水体原有的生态平衡，造成河流污染。中国的河流污染以有机污染为主，主要表现为氨氮、生化需氧量和高锰酸钾指数等超标。

为防治河流污染，中国已借鉴世界水污染防治的成功经验，并结合具体情况，逐步制定了一系列具有中国特色的水污染防治措施。防止新的水环境问题产生，资源的开发和利用就要坚持开源节流的方针，建立和完善资源有偿使用制度和价格体系，并进一步完善环境经济政策，大力推行清洁生产，加快城镇污水处理和加强农村面源污染的防治。

① 食物链

食物链是生态系统中贮存于有机物中的化学能在生态系统中的层层传导，简单地说，就是通过一系列吃与被吃的关系，将不同的生物紧密地联系起来，并组成生物之间以食物营养关系彼此联系起来的系列。

② 生化需氧量

生化需氧量是生物化学需氧量的简称，是指在一定时间内，微生物分解一定体积水中的某些可被氧化的物质，特别是有机质所消耗的溶解氧的数量。其值越高，说明水中的有机污染物质越多，污染也就越严重。

③ 开源节流

开源节流一词出自《荀子·富国》：“百姓时和、事业得叙者，货之源也；等赋府库者，货之流也。故明主必谨养其和，节其流，开其源，而时斟酌焉，潢然使天下必有馀而上不忧不足。”后指开辟财源，节约开支。在资源利用中使用，意在表示开辟新资源的同时节约资源。

33 冰川

在地球上纬度较高地区和高山地区，气候异常寒冷，积雪长年不化，时间久了，就形成了蓝色透明的冰层。冰层在压力和重力作用下，沿斜坡慢慢向下滑去，就形成了冰川。

冰川是陆地表面的重要水体之一，也是地球上最大的淡水储存库。地球上的冰川如果全部融化，那么海平面将上升80～90米，地球上所有的沿海平原将变成汪洋大海，荷兰、英国等几十个低洼国家将成为海底世界，法国巴黎也许只能看到埃菲尔铁塔的塔顶了。

地球上的冰川有2900多万平方千米。根据其形态和分布特点，可分为大陆冰川和山岳冰川两大类。大陆冰川又叫冰盖，是冰川中的“巨人”，面积大，冰层厚，中间厚，四周薄，呈盾形，主要分布在南极洲和北极的格陵兰岛上。

山岳冰川主要在中纬度与低纬度地区的山地上，它们的形态常受地形的影响，比大陆冰川小得多。它们有的蜿蜒逶迤，静卧幽谷，有的气势磅礴，如瀑布飞泻而下，尤其是那些冰川上的冰塔、冰洞，千姿百态，十分壮观。喜马拉雅山、阿尔卑斯山、高加索山等都有山岳冰川。山岳冰川是许多大江大河的发源地，冰融水是河流水源的供应者，滋润着山下的田野。

①纬度

在地球仪上，我们可以看见一条一条的细线，有竖的，也有横的，其中横着的就是纬线。表征纬线在地球上方位的量便是纬度（指某点与地球球心的连线和地球赤道面所成的线面角），其数值在0°～90°之间。赤道以北的点的纬度称北纬，以南的点的纬度称南纬。

②海平面

海平面是海的平均高度，指在某一时刻假设没有波浪、潮汐、海涌或其他扰动因素引起的海面波动，海洋所能保持的水平面。冰川的消融、海底地势构造的改变、大地水准面的变动都影响并控制着海平面的情况。

③极地

极地是位于地球南北两端，纬度在66.5°以上，长年被白雪覆盖的地方。昼夜长短随四季的变化而改变是极地最大的特点。由于终年气温非常低，所以在极地区域几乎没有植物生长。

▲ 冰川

34 冰川与环境

冰川像一个固体水库，储存着大量的淡水。它的存在及其活动，对地球气候和环境产生着重要而深远的影响。冰川是自然界重要的、有很大潜力的淡水资源。冰川中储存的大量淡水水质良好，可以用来开发干旱地区，改造沙漠，发展农业生产。

某些山岳冰川的融水有时也会给人类带来危害，如冰湖溃决，形成冰川洪水。在强烈消融季节也常发生冰川泥石流，尤其当暴雨和强消融叠加在一起时，泥石流爆发的可能性更大。洪水和泥石流会冲毁村庄，淹没农田，阻塞江河，影响交通，给人们的生命财产造成极大损失。

▲ 冰山

在两极地区，海洋中的波浪或潮汐猛烈地冲击着附近海洋的大陆冰，天长日久，大陆冰的前缘便慢慢地断裂下来，滑到海洋中，漂浮在水面上，形成冰山。格陵兰、阿拉斯加等地是北极地带冰山的老家，每年约有16万座冰山离家漂行。南极海域是冰山最多的地方，每年大约有20万座冰山在海洋里游弋。冰山在海洋里漂浮，会给航海带来巨大威胁。1912年4月14日，英国建造的第一艘巨型豪华邮轮“泰坦尼克号”在纽芬兰南部海域被迎面漂来的冰山撞沉，致使船上1500余人葬身大海，成为举世震惊的大惨案。

① 暴雨

暴雨是指24小时降水量为50毫米或以上的强降雨。由于各地降水和地形特点不同，各地暴雨洪涝的标准也有所不同。作为一种灾害性天气，暴雨往往造成水土流失、洪涝灾害以及严重的人员和财产损失。世界上最大的暴雨出现在南印度洋上的留尼汪岛，24小时降水量为1870毫米。

② 泥石流

泥石流是产生在沟谷中或斜坡面上的一种饱含大量泥沙、石块和巨砾的特殊山洪，是高浓度的固体和液体的混合颗粒流。它的运动过程介于山崩、滑坡和洪水之间，是各种自然因素（地质、地貌、水文、气象等）或人为因素综合作用的结果。

③ 泰坦尼克号

“泰坦尼克号”是一艘奥林匹克级邮轮，于1912年4月处女航时撞上冰山后沉没。它是当时最大的客运轮船，由位于爱尔兰岛贝尔法斯特的哈兰德与沃尔夫造船厂兴建。“泰坦尼克号”海难为和平时期死伤人数最惨重的海难之一。

35 冰川消融的危害

冰川消融是冰川活动对地表岩石和地形的破坏和建造作用的总称，包括冰蚀作用、搬运作用和沉积作用。冰川地质作用在极地、高纬度和高山寒冷地区占显著地位，故冰川的变化影响甚远。

一般来说，冰川是气候的产物，冰川变化在一定程度上反映了气候变化情况。有人称冰川是气候变化的指示器，因此冰川历来是环境监测研究的对象。冰川对气候有明显的反馈作用，为气候形成的重要因子。冰雪对太阳辐射有很大的反射率，这使冰雪地区接受的太阳辐射大大减少。冰雪消融需要大量的热能，因此，冰川表面气温一般比相邻的非冰川地面低2℃左右，而湿度则要高些，这有利于冰川地区形成较多的降水。极地冰雪变化会直接影响全球大气环流和气候。不久前，格陵兰冰川研究所提供的证据表明，依据冰层厚度可确定逐年的降雪量和气温值，冰层中的尘埃与含盐成分还能提供风暴和干旱等信息，极地冰盖的消融是气温上升的可靠信号。如果未来全球气候大幅度转暖，部分冰盖融化将导致海平面上升，会严重危害濒海低地的国家和人民。

① 大气环流

大气环流一般指具有世界规模的、大范围的大气运行现象。大气

环流形成的原因：一是太阳辐射，二是地球自转，三是地球表面海陆分布不均匀，四是大气内部南北之间热量、动量的相互交换。研究大气环流有利于提高天气预报的准确率和加深对全球气候变化的探索。

② 冰盖

冰盖是一块覆盖着广大地区的极厚的圆顶状冰，覆盖的陆地面积少于5万平方千米（一般常见于高原地区）。覆盖面积超过5万平方千米的叫作冰原。冰盖绝大部分分布在南极圈内。南极冰盖直径约4500千米，面积约1398万平方千米，约占南极大陆面积的98%。

③ 反射

反射是声波、光波等遇到其他的媒质分界面而部分仍在原物质中传播的现象。材料的反射本领叫作反射率。不同材料的表面具有不同的反射率，数值多以百分数表示。同一材料对不同波长的光可有不同的反射率，这个现象称为选择反射。

▲ 冰川消融

36 洪水肆虐

洪水是由暴雨或急骤融冰融雪等自然因素和水库垮坝等人为因素引起的江河湖等水量迅速增加或水位急剧上涨的自然现象，分为暴雨洪水、融雪洪水和冰凌洪水。

绝大多数的洪水是由暴雨造成的。一般持续时间长、大范围的暴雨，可在大流域内形成暴雨洪水，常可导致大面积的洪水灾害。低纬度发生热带风暴、强热带风暴和台风时，也会形成大范围的大风和暴雨。台风暴雨洪水峰高量大，能在较大范围内造成洪水威胁。而在干旱半干旱地区，由于强对流作用，常常可形成局域性雷暴雨。虽然局域性雷暴雨影响范围不大，涨落很快，水量较小，但来势凶猛，足以在局部地区形成暴雨洪水，甚至造成小范围的洪灾。

▲ 山洪暴发

暴雨洪水的特点取决于暴雨特性和下垫面条件。中国暴雨洪水主要发生在夏季，有时春秋季局部地区也会发生洪水，但冬季

基本上没有暴雨洪水。洪水常常涨落较快，起伏较大，具有很大的破坏力。特大暴雨形成的洪水常可造成严重的灾害，尤其是偶尔出现的特大洪水，常带来深重的灾难。如1954年7月下旬至8月初，中国长江中上游连降大暴雨，形成百年不遇的特大洪水，荆江大堤水位三次超过安全流量，不得已采用荆江分洪。此次灾害共淹死34万人，淹没良田3.17万平方千米，经济损失达数十亿元。

① 热带风暴

热带风暴是热带气旋的一种，在热带或亚热带地区海面上形成。热带风暴是由水蒸气冷却凝固时放出潜热发展而出的暖心结构，是所有自然灾害中最具破坏力的。其中心附近持续风力为每小时63～87千米，即烈风程度的风力。

② 强对流

强对流是强迫对流的简称，是外界加热或抬升作用造成流体温度的不均匀性所导致的流体对流运动。气流过山，天气系统辐合所产生的抬升作用常常也可造成动力强迫对流。

③ 下垫面

下垫面是指与大气下层直接接触的地球表面。它包括地形、地质、土壤和植被等，对大气的温度和水分都有影响，并且是影响气候的重要因素之一，主要表现在对海陆差异、洋流、地形等的影响上。

37 融冰雪洪水

融雪洪水简称雪洪，是由冰雪融化形成的洪水，可分为积雪融水洪水、积雪融水与降雨混合洪水。其大小受积雪的面积、雪深、雪密度、持水能力、雪面冻深和融雪的热量（其中一大半为太阳辐射热），以及积雪场的地形、地貌、方位、气候和土地使用情况影响。中国的融雪洪水主要分布在东北和西北的山区。融雪洪水一般发生在4月至6月，其特点是持续时间长，涨落慢，洪水过程受气温影响而呈锯齿形，具有明显的日变化。融雪洪水一般不会造成灾害。这种洪水通常没有明显的大起大落。突发性的融雪洪水往往由冰湖溃坝形成，洪峰猛涨猛落，具有很大的破坏力。

▲ 冰雪融水

冰凌洪水是热力、动力、河道形态等因素综合作用的结果，是河流中因冰凌阻塞和河道内蓄冰、蓄水量的突然释放而引起的显著涨水现象。按洪水成因，冰凌洪水可分为冰塞洪水、冰坝洪水和融冰洪水。河流在冬季结冰，到春季冰融化时大量的冰凌来不及下泻而阻塞河道形成冰坝，使上游的水位显著壅高。冰雪一融化，冰坝被突然破坏，大水迅速下泻就形成了洪水。冰凌洪水常可造成洪灾。中国危害较大的冰凌洪水主要发生在黄河干流上游宁夏至内蒙古河段、下游山东河段和东北的松花江哈尔滨以下河段。

① 河道

河道是河水流经的路线，通常指能通航的水路。河道可划分为五个等级：一级和二级河道大多是跨越并影响两省或数省的大江大河的河道，由水利部认定；三级河道大部分是影响一省或邻近省份的江河的河道，由水利部委托的地区水利厅协商并报水利部认定；四级和五级河道则由各省水利厅认定。

② 冰坝

冰坝是流冰在河道狭窄或浅滩处堆积起来，阻塞整个河流断面，像一座用冰块堆成的堤坝。开河时大量流冰在浅滩、弯道、卡口及解体的冰盖前缘等受阻河段堆积成坝形，会显著壅高上游水位，对河堤造成威胁。冰坝溃决时甚至可以淹没河床附近地区。

③ 松花江

松花江全长1900千米，流域面积54.56万平方千米，径流总量759亿立方米，现为黑龙江在中国境内的最大支流。松花江发源于中、朝交界的长白山天池，跨越辽宁、吉林、黑龙江和内蒙古四省区，最后在俄罗斯境内的鄂霍次克海注入浩瀚的太平洋。

38 洪水危害

如果洪水太大，就会引起江河水量迅速增加，水位暴涨，甚至溢出河道，冲垮堤坝，冲毁村庄、城镇、道路、工厂，淹没田野等，给区域经济和人民生命财产造成巨大损失。

洪灾造成的经济损失和人员伤亡，历来在各种自然灾害中居首位。尽管如今人类社会在防洪技术上已经有了很大发展，但洪灾为诸害之首的事实仍未改变。据统计，目前全球各类自然灾害所造成的损失中，洪灾占40%，热带气旋占20%，干旱占15%，地震占15%，其他占10%，可见洪灾损失所占比例之大。

洪灾造成的损失一般有两类：一类是可以用货币计量的有形损失，如农作物减产，房屋、设备、道路及其他工程设施的破坏，工厂、商店停工、停产的损失等；另一类是难以用货币计量的无形损失，如洪水造成的人员伤亡、疾病、环境恶化、生态系统破坏、社会不稳定等。

农业是受洪灾危害最为严重的行业之一。洪水往往造成大面积农田被淹，农作物被毁，导致农作物大幅减产，甚至绝收。

洪水常冲毁公路、铁路等，影响交通运输，并可导致列车脱轨、颠覆等重大事故。洪水对水利设施，包括水库、堤坝、渠道、泵站等的破坏也很严重，如1954年长江洪水影响京广线通车达100天。

▲ 洪灾

① 地震

地震又称地动，是指地壳快速释放能量过程中造成震动，其间会产生地震波的一种自然现象。它就像海啸、龙卷风一样，是地球上经常发生的一种自然灾害。地震常常造成严重人员伤亡，能引起火灾、有毒气体泄漏及放射性物质扩散，还可能造成海啸、崩塌等次生灾害。

② 堤坝

堤坝是堤和坝的总称，也泛指防水拦水的建筑物或构筑物。现代的水坝主要有两大类：土石坝和混凝土坝。堤坝的作用包括：为附近的地区提供自来水及灌溉用水；利用水坝上的水力发电机来产生电力；作为运河系统的一部分；防洪。

③ 泵站

泵站是由水泵、机电设备及配套建筑物组成的提水设施。其是能提供有一定压力和流量的液压动力和气压动力的装置和工程，主要部件是油箱、电机和泵，其他还有很多辅助设备，可根据实际情况增减，如供油设备、供水排水设备、起重设备等。

39 大地明珠——湖泊

地球上有无数大大小小的湖泊，它们是人类环境中不可缺少的组成部分。湖泊作为自然系统的重要组成部分，对人类生存环境有着十分重要的影响。它不仅有丰富的水资源，能调节水量、发电、养殖、灌溉和航运，而且还含有较丰富的矿产资源。

湖泊是重要的水源，这是人所共知的。湖泊中储有大量的水，这些水不仅可以供给城乡人民生活，也可以用于农业灌溉和工业生产。

▲ 湖泊

湖泊还可以有效地调节河川的径流量。洪水季节，湖泊可以蓄积水量，降低洪峰流量，防止洪水灾害；枯水季节，湖泊就排泄水量。如1954年中国长江发生特大洪水，当时进入鄱阳湖的最大洪峰量为每秒4.85万立方米，而泄水量却只有每秒2.25万立方米，从而大大削减了洪峰流量，并使洪峰滞后了3天，为下游的防洪工作减轻了负担。

中国南方的长江流域，历史上有众多的湖泊，如洞庭湖、鄱

阳湖、太湖等。荆襄之地古称“云梦大泽”，即使在明清之际，湖北省也有“千湖之省”的称号。这些湖泊担负着长江的蓄洪任务，是长江的自然调节区。长江中下游的这些湖泊因为与江河贯通，江涨湖蓄，调节丰枯，被喻为长江的“尿泡”。然而，由于泥沙淤积、围湖造田，长江中下游的许多湖泊已不复存在。

① 矿产资源

矿产资源指通过地质成矿作用形成的有用矿物或有用元素的含量达到具有工业利用价值，呈固态、液态或气态赋存于地壳内的自然资源。按其特征和用途通常可分为金属矿产（如铁、铜等）、非金属矿产（如石墨、金刚石等）和能源矿产（如煤、石油等）。

② 洪峰流量

洪峰流量是一次洪水过程中，观测站测得的流断面上的最大流量，常出现在洪峰水位之后。山区河流由于地面和河床坡降比较陡，洪峰形成的速度加剧，而平原河道与此不同，洪峰出现的时间晚，涨落平缓。

③ 围湖造田

围湖造田是指将湖泊的浅水草滩由人工围垦成为农田的一种活动。围垦使水禽赖以生息的大片芦苇、荻丛环境遭到破坏，导致水生动植物种类发生变化，甚至某些种群几乎绝迹。中国自20世纪60年代以来大规模围垦造田，加剧了湖区环境生态的恶化。

40 湖泊萎缩

据统计，几十年来中国的鄂、湘、皖、赣四省共围垦了1.1万平方千米的湖区湿地，大幅度地损害了湖泊调节水量的能力，导致洪灾发生频仍。

仅中国的湖北省，20世纪50年代有湖泊1066个，总面积达8300平方千米，但目前仅存309个，总面积缩小到2656平方千米。武汉三镇也曾有“百湖之城”的美誉，但现在已名不副实，湖泊数量锐减为27个。

对于内流湖来说，造成其萎缩的原因有以下几点：一是内流湖多位于气候干旱的区域，降水少，蒸发旺盛；二是全球变暖，蒸发加

▲ 湖泊周围土地沼泽化

剧；三是在入湖的河流中过度引水灌溉，导致入湖水量减少。而对于外流湖，围湖造田是造成其萎缩的主要原因。随着城市化的迅猛发展，城市的扩建、不合理的用水也成为湖泊数量减少、面积缩小的主要因素。

湖泊是水路交通的重要组成部分，是水产和轻工业原料的重要来源，还是主要的旅游资源，故湖泊的重要性正日益受到关注。然而这种关注也带来了湖泊资源的不合理开发利用，造成了湖泊渔业资源衰减、湖泊面积缩小和湖泊周围土地的沼泽化等不良后果。

① 洞庭湖

洞庭湖是中国第二大淡水湖，位于中国湖南省北部，长江荆江河段以南，史称“八百里洞庭”，如今是“洪水一大片，枯水几条线”。仅1949年到1983年，湖面就缩小了38%，湖泊容积减少了40%以上。

② 鄱阳湖

鄱阳湖是中国第二大湖，也是中国第一大淡水湖，位于江西省北部，长江南岸，南北长110千米。1954—1997年，鄱阳湖面积由5160平方千米缩小到3859平方千米，其中1301平方千米的湖泊面积是因围垦而消失的。

③ 全球变暖

全球变暖是一种自然现象，导致这一现象发生的原因，除了地球本身正处于温暖期、地球公转轨迹的变动外，人为因素则占主导地位。人们对森林的肆意砍伐、大量焚烧，致使产生的二氧化碳等多种温室气体不能及时充分地被净化，累积于大气当中，这些温室气体则是导致全球气候变暖的罪魁祸首。

41 湖泊富营养化

烟波浩渺的湖泊，有时会开出五光十色的“水花”。走到近前仔细观察，原来这些“水花”是大量藻类生物密密麻麻地漂浮在水面上，引发湖水变色的现象。这种现象出现在海洋上称为“赤潮”，出现在水塘、湖沼的水面上称为“水华”，科学上描述这种现象时则称其为“富营养化”。

湖泊中水华的出现并非偶然，它是湖水中营养物质过剩所造成的，表现为湖水中某一种或几种浮游生物在一定条件下过度繁殖或聚集而引起的一种能使局部水体改变颜色的异常现象。形成水华的浮游生物主要是一些藻类生物，如夜光藻、蓝藻、绿藻、硅藻等，它们可

▲ 水华

吸收溶解在水中的氮、磷等营养物质，进行细胞分裂繁殖，并以各种形态漂浮在湖面上，在阳光照耀下形成色彩斑斓的水华。

促使水中植物生长，从而加速水体富营养化的各种物质，主要是指氮、磷等。从农作物生长角度看，它们是宝贵的物质，但过多的营养物质进入天然水体反而会恶化水体质量，造成水体污染，形成水华，危害渔业生产。天然水体中过量的营养物质主要来自农田施肥、农业废弃物、生活污水和某些工业废水。

① 赤潮

赤潮被喻为“红色幽灵”，是在特定的环境条件下，海水中某些浮游植物、原生动物或细菌爆发性增殖或高度聚集而引起水体变色的一种有害生态现象。虽然名字叫赤潮，但它不一定是红色，根据引发赤潮的生物种类和数量的不同，海水可能会呈现绿、黄、褐等不同颜色。

② 蓝藻

在所有藻类生物中，蓝藻是最简单、最原始的一种。蓝藻是单细胞生物，没有细胞核，但细胞中央含有核物质，通常呈颗粒状或网状，染色质和色素均匀地分布在细胞质中。所有的蓝藻都含有一种特殊的蓝色色素。

③ 细胞分裂

细胞分裂是活细胞繁殖其种类的过程，是一个细胞分裂为两个细胞的过程。一般包括细胞核分裂和细胞质分裂。在单细胞生物中细胞分裂就是个体的繁殖，在多细胞生物中细胞分裂是个体生长、发育和繁殖的基础。

42 富营养化的危害

当地表径流携带大量氮、磷等营养物质进入湖泊的时候，湖中的各种藻类在营养物料十分丰富的条件下迅速而大量地繁殖起来，如果湖水中还有一定数量的铁、锰等元素，再遇到合适的气温、光照等自然条件，水华就更容易发生。藻类生物的异常繁殖，占据了大部分水域，使鱼类等水生生物生活的空间愈来愈小。大量藻类密集漂浮在湖面上，降低了阳光的透射能力，阻碍了水生植物的光合作用，减少了水中溶解氧的来源，加上藻类生物死亡分解时也要消耗水中的氧气，导致湖水中严重缺氧，使湖水中的鱼类难以生存。有些藻类生物在生长过程中会分泌出黏液，这些黏液会堵塞鱼类的鳃，使鱼窒息而死。

富营养化会影响水体的水质，造成水的透明度降低，使得阳光难以穿透水层，从而影响水中植物的光合作用。同时，因富营养化水中含有硝酸盐和亚硝酸盐，人畜长期饮用这些物质含量超过一定标准的水，也会中毒致病。

20世纪以来，由于工农业生产的发展、人口的激增，大量的工业废水、农业污水和生活污水排放到湖水中，造成湖泊严重的有机污染和富营养化，成为一大环境灾害。

① 径流

径流是水文循环中的一个重要环节，指在这个过程中，沿流域的

不同路径向河流、湖泊、沼泽和海洋汇集的水流。按水流来源可将其分为降雨径流和融水径流；按流动方式可分为地表径流和地下径流；按水流中所含物质可分为固体径流和离子径流。

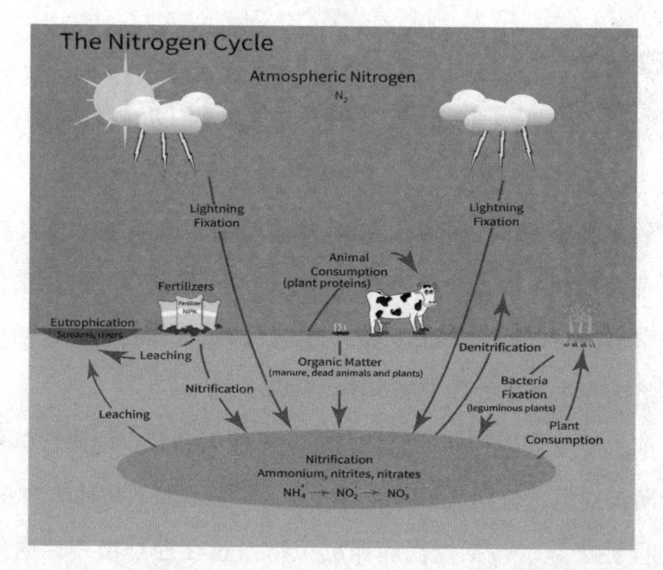

▲ 氮元素循环

② 透射

当光入射到透明或半透明材料表面时，一部分被反射，一部分被吸收，还有一部分可以透射过去。透射是入射光经过折射穿过物体后的出射现象。光线从一种均匀介质进入另一种均匀介质的时候，称为折射。如果介质是非均匀的，这些粒子就会向各个方向辐射，称为散射。

③ 有机污染物

有机污染物可分为天然有机污染物和人工合成有机污染物，是指以碳水化合物、蛋白质、氨基酸以及脂肪等形式存在的天然有机物质及某些其他可生物降解的人工合成有机物质所组成的污染物。室内环境污染物主要有甲醛、苯、总挥发性有机物、氨、氡等，故住进新装修的房子，要万分小心。

43 富营养化的防治

导致水体富营养化的氮、磷等营养物质，既有外源性又有内源性，既有天然源又有人为源，并且至今仍没有任何单一的化学、物理和生物学措施可以彻底去除废水中的氮、磷等营养物质。这使富营养化的防治成为水污染处理中最为困难和复杂的问题。

目前，专家们以控制外源性营养物质输入和减少内源性营养物质负荷为防治对策，分别从不同领域出发，研究出如下几种防治方法：

工程性措施。包括挖掘底泥沉积物，意在控制潜在性内部污染源；水体深层曝气，使水体保持有氧状态，有利于抑制底泥的磷释

▲ 打捞海藻

放；注水冲释，将含营养物少的水注入含营养物多的水体中，以稀释营养物的浓度。

化学方法。包括凝聚沉降，利用能使磷从水中沉淀出来的阳离子（如铁、钙和铝等）来减少水体中磷元素的含量；化学试剂杀藻法，该方法较适合发生水华的水体，杀藻剂杀死藻类后，应将死掉的藻类及时捞出，不然水藻腐烂还会释放大量的磷。

生物性措施。利用水生生物吸收利用磷、氮等元素进行代谢活动以去除水体中的磷、氮等营养物质。

① 底泥

底泥是水产养殖环境（如池塘）中底部有机、无机碎屑和土壤的混合物，通常是由泥沙、黏土、有机质和各种矿物经过长时间化学、物理及生物等作用和水体传输而沉积于水体底部所形成的。

② 曝气

曝气是用向水中充气或机械搅动等方法增加水与空气的接触面积，是废水需氧生物处理的中间工艺。曝气的目的是使水体获得足够的溶解氧，并防止池内悬浮体下沉，加强池内有机物、微生物与溶解氧的接触。

③ 防治初见成效

德国近年来采用生物控制法，成功地改善了一个人工湖泊的水质。其方法是每年在湖中投放食肉类鱼种去吞食吃浮游动物的小鱼，几年之后这种小鱼明显减少，而浮游动物增多了，致使作为其食料的浮游植物量减少，整个水体的透明度随之提高，细菌减少，氧气平衡的水深分布状况改善。

44 海洋环境保护

随着工农业的蓬勃发展，人口的增长，特别是海上油田的开发，海运和其他各种船只的增多，以及大批港口、城市的兴起和扩建，大量有毒有害物质被倾泻入海，使优美洁净的海洋环境及海洋资源受到污染损害，已经造成许多不良的后果。为了更好地开发海洋，利用海洋，防止污染和资源损害，保护和改善海洋环境，促进良性的生态循环，保障人体健康，维护国家权益，加速海洋事业的发展，海洋环境保护已成为当务之急。

海洋是一个完整的水体，是地球表面被陆地分割但彼此相通的广大水域。海洋本身对污染物有着巨大的搬运、稀释、扩散、氧化、还原和降解等净化能力，但这种能力并不是无限的，当局部海域接受的有毒有害物质超过它本身的自净能力时，就会造成该海域的污染。

海洋污染是一个国际性的问题，保护海洋环境、防止海洋污染是各国的共同要求。海洋污染的特点是：污染源广，有毒有害物质种类多，扩散范围大，危害深远，控制复杂，治理难度大。因此，海洋污染比起陆上的其他环境污染要严重和复杂。

① 海上油田

海上油田是在同一个海底二级构造带内若干油藏的集合体。常见

的海上油田有构造油田、断块油田、礁块油田、潜山油田、轻质油油田、重质油油田、稠油油田等类型。中国渤海、东海、南海西部、南海东部等四大海洋石油基地，2001年生产的石油和天然气，折合油气当量2329万吨。

② 港口

港口是具有水陆联运设备和条件，供船舶安全进出和停泊的运输枢纽。它是水陆交通的集结点，工农业产品和外贸进出口物资的集散地，船舶停泊、装卸货物、上下旅客、补充给养的场所。由于港口是联系内陆腹地和海洋运输的一个天然界面，因此，人们也把港口作为国际物流的一个特殊结点。

③ 海域

海域是指包括水上、水下在内的一定海洋区域。在划定领海宽度的基线以内的海域为内海；从基线向外延伸一定宽度的海域为领海；从一国领海的外边缘延伸到他国领海为止的海域为公海。

▲ 入海河道

45 海洋污染源探索

目前，污染和损害海洋环境的因素主要有以下几个方面：

一是陆源污染物。以中国沿海地区为例，每年排放入海的工业污水和生活污水约60亿吨。

二是船舶排放的污染物。海洋里拥有大量万吨级、十万吨级甚至百万吨级的船只，它们把大量含油污水排放入海。如1979年，巴西油轮在青岛油码头作业，一次跑油380吨。

三是海洋石油勘探开发产生的污染物。如中国沿岸分布着几个大油田和十几个石油化工企业，跑、冒、滴、漏的石油数量很可观，每年有10多万吨石油入海。

▲ 核废料

四是人工废物。过去人们把海洋当作大“垃圾箱”，直接把垃圾、矿渣、炉渣甚至核废料倾倒入海。虽然有些废物没有直接倾倒入海，只是堆放在海岸边上，但下雨时仍会被雨水冲刷入海。

五是不合理的海洋工程兴建和海洋开发，使一些深水港和航道淤积，局部海域生态平衡遭到破坏。

海洋环境被污染后，其危害难以在短时间内消除。治理海域污染比治理陆上污染所花费的时间要长，技术上要复杂，难度要大，投资也高，而且还不易收到良好效果，所以保护海洋环境，应以预防为主，防治结合。

① 码头

码头又称渡头，通常见于水陆交通发达的商业城市，是海边、江河边专供乘客上下、货物装卸的建筑物。按其用途可分为客运码头、货运码头、汽车码头、集装箱码头、石油码头、海军码头。

② 核废料

核废料泛指在核燃料生产、加工和核反应堆用过的不再需要的并具有放射性的废料。由于核废料危害性高，所以应按以下原则管理：尽量减少不必要的废料产生并开展回收利用；对已产生的废料分类收集和处理；尽量减小容积以节约各项管理费用；以稳定的固态形式贮存，向环境稀释排放时，必须严格遵守有关法规。

③ 生态平衡

生态平衡是指在一定时间内生态系统中的生物和环境之间、生物各个种群之间，通过能量流动、物质循环和信息传递，使它们相互之间达到高度适应、协调和统一的状态。也就是在生态系统内部，生产者、消费者、分解者和非生物环境之间，在一定时间内保持能量与物质输入、输出动态的相对稳定状态。

46 海洋污染的危害

海洋污染主要发生在靠近大陆的海湾，这主要是因为曲折的海岸造成水流交换不畅而无法及时稀释污染物、更新该区域的海水。

海洋的污染体现在海水的含盐量、温度、透明度、pH值、生物种类和数量等性状的改变上，这不仅严重危害了海洋环境的生态平衡，还影响着与海有关的一切生命及产业的发展。

目前最突出的海洋污染之一是石油污染，而海洋石油污染的危害主要体现在对海洋生物产生的效应（毒性反应）上。不同的海洋生物对石油的敏感性不同，纵然一些敏感性差的生物暂时并没有表现出受到影响，但当石油污染浓度到达一定量时，必将深受毒害。人类若摄入了受污染的海产品，就会同时吸收里面的致癌成分。

海洋热污染是又一引人关注的污染类型。电力工业及冶金、化工、石油、造纸、机械工业等在生产过程中产生的废热有时会污染海洋，引起局部海水升温，造成海洋热污染，严重影响海洋生态环境。水温的升高首先会对水生生物产生危害，并阻碍某些鱼类产卵，导致这些鱼不能顺利地繁殖后代。

① 海湾

海湾是一片三面环陆的海洋，另一面为海，有“U”形及圆弧形

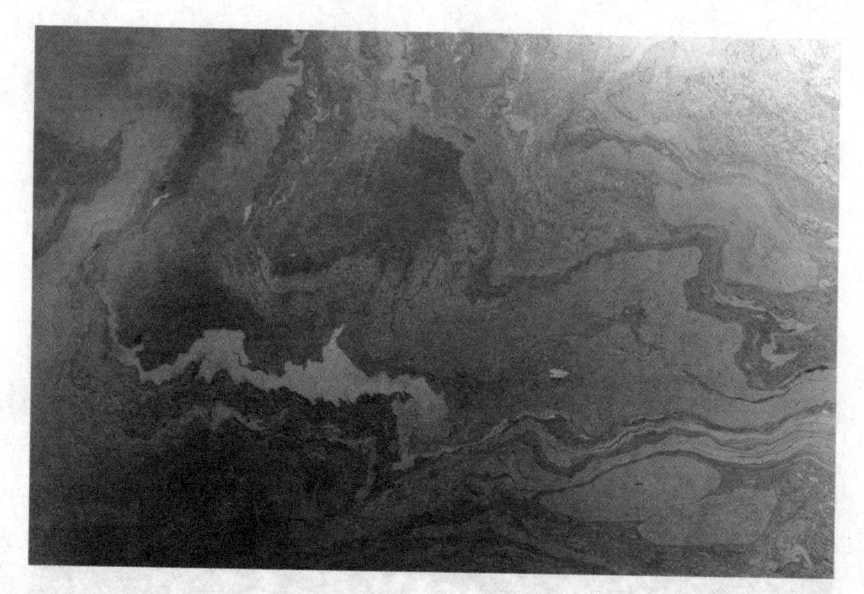

▲ 石油污染

等，通常以湾口附近两个对应海角的连线作为海湾最外部的分界线。而恰巧与海湾相反，三面环海的叫作海岬。世界上面积超过100万平方千米的大海湾共有5个，即孟加拉湾、墨西哥湾、几内亚湾、阿拉斯加湾及哈德逊湾。

② 鱼卵

鱼卵指的是鱼类的卵，即鱼子。有一部分鱼卵可以食用，比如明太鱼子、鲑鱼卵等。鱼卵含有蛋白质及丰富的DHA及EPA，也含有部分维生素和矿物质。从营养的角度来说，孩子吃些鱼卵是无妨的，但要注意老人应尽量少吃，因鱼卵富含胆固醇，多吃无益。

③ 生态环境

生态环境是指影响人类生存与发展的一切外界条件的总和，是关系社会和经济持续发展的复合生态系统。人类为了自身的生存和发展利用和改造自然而造成的自然环境的破坏和污染等危害人类生存的各种负反馈效应，统称为生态环境问题。

47 海洋污染的防治（一）

▲ 因污染而死亡的海鱼

针对海洋污染，中国政府高度重视，出台了一系列防治措施。

防止和控制沿海工业污染物污染海域环境。加强治理重点工业污染源，推行整个过程的清洁生产。依据“谁污染，谁负担”的原则，彻底杜绝未经处理的工业废水直接排入海洋。同时加强对沿海企业的监督管理，实行污染物排放总量的控制和排污许可制度。

防止和控制沿海城市污染物污染海域环境。加强城镇绿化和沿岸海防林建设，加快沿海城镇的污水收集和处理设施的建设，从而调整城市不合理的规划，增强城镇污水收集和处理的能力。

防止、减轻和控制船舶污染物污染海域环境。建立大型港口废油、废水、废渣回收和处理系统，实现渔业船只和交通运输排放的污染物集中回收、岸上处理、达标排放。制定海上船舶有毒化学品泄漏和溢油、港口环境污染事故的应急计划，同时建立应急响应系统，防止或减少突发性污染事故的发生。

防止、减轻和控制沿海农业污染物污染海域环境。大力发展生态农业，控制土壤侵蚀，综合应用减少农药、化肥径流的技术体系，从而减少农业的面源污染负荷。在易受影响海域建立养殖场集中控制区，规范畜禽养殖场的管理，有效地处理养殖场污染物，严格执行废物排放标准并限期达标。

① 清洁生产

清洁生产是指将综合预防的环境保护策略持续应用于生产过程和产品中，以期减少对人类和环境的风险。它在不同的国家、不同的发展阶段有不同的叫法，如无废工艺、废物减量化、污染预防等，不过基本含义是一致的。

② 海防林

海防林是防护林分类中的一种，是指沿海以防护为主要目的的森林、林木和灌木林。沿海防护林是建设绿色之岛的第一道防线，在维护生态、护岸固沙、防灾抗灾、美化环境等方面发挥着非常重要的作用。

③ 污水处理

污水处理是用各种方法将污水中所含的污染物分离出来或将其转化为无害物，从而使污水得到净化的过程，一般可分为生产污水处理和生活污水处理。它被广泛应用于农业、建筑、交通、城市景观、交通、餐饮、医疗等各个领域。

48 海洋污染的防治（二）

防治海洋污染还需做到以下几点：

防止、减轻和控制海上养殖污染。建立海上养殖区环境管理标准和制度，编制海域养殖区域规划，合理控制海域养殖面积和密度，建立各种清洁的养殖模式，同时控制养殖业药物的投放，通过实施各种养殖水域的生态修复工程和示范，改善已被污染和正在被污染的水产养殖环境，控制或减轻海域养殖业引起的海洋污染。

防止和控制海上石油平台产生石油类等污染物及生活垃圾对海洋环境的污染。海洋石油勘探开发应制定溢油应急方案，并在钻井、采油、作业平台配备油污水、生活污水处理设施，使之全部达标排放。

防止和控制海上倾废污染。严格控制和管理向海洋倾倒废弃物，禁止向海上倾倒放射性废物和有害物质。

任何防治措施的制定和实施的前提是对海洋环境进行深入的科学研究，这样才能制定健全的环境保护法规和监测、监督、管理制度。当然，也不可一味地保护环境而放弃对海洋的开发，两者应做到协调发展。同时加强针对海洋环境保护的宣传教育，并加强国际间的合作，力求做到和谐发展。

① 海水养殖

海水养殖是利用滩涂、浅海、港湾、围塘等海域进行饲养和繁殖

海产经济动植物的生产方式，是人类定向利用海洋生物资源发展海洋水产业的重要途径之一。海水养殖是水产业的重要组成部分，养殖对象是鱼类、虾蟹类、贝类、藻类以及海参等其他经济动物。

❷ 油井

油井是为开采石油，按油田开发规划的布井系统所钻的孔眼，石油由井底上升到井口的通道。一般油井在钻达油层后，下入油层套管，并在套管与井壁间的环形空间注入油井水泥，以维护井壁和封闭油、气、水层，后按油田开发的要求用射孔枪射开油层，形成通道。

❸ 放射性

某些物质的原子核能发生衰变，会放出我们肉眼看不见也感觉不到只能用专门的仪器才能探测到的射线，物质的这种性质叫放射性。放射性物质不仅会污染环境，在大剂量的照射下，还对人体和动物存在着某种损害作用，严重的会导致死亡。

▲ 海上石油钻井平台

49 淡水和咸水

▲ 咸水湖

按水中盐类物质的多少，可将水大致分为五种：淡水，溶解物质不足1克；微咸水，溶解物质1～3克；咸水，溶解物质3～10克；盐水，溶解物质10～50克；卤水，溶解物质大于50克。

地球表面绝大部分水都属于咸水或高矿化度水，水的矿化度通常以1升水中含有各种盐分的总克数来表示。水中化学组分含量的总和称为总矿化度，一般用M表示。矿化度是水化学成分测定的重要指标，也是农田灌溉用水适用性评价的主要指标之一。矿化度的测定方法有重量法、电导法、阳离子加和法、离子交换法和比重计法等。

如果我们面前有一杯淡水和一杯咸水，要如何辨别哪一杯是淡水，哪一杯是咸水呢？当然，最简单、最直接的方法就是尝一下。不过这是不提倡的，在不能确定面前的水中到底含有哪些物质之前，贸然去尝是很危险的。我们可以通过其他方法来鉴别。从化学角度来说，由于咸水中含有氯化钠，加入硝酸银，有沉淀产生的就是咸水。从物理角度来说，做灯泡实验即可判断，咸水的导电性较淡水好，灯泡较亮的是咸水；咸水的浮力较淡水大，放入水中一个鸡蛋，能够将鸡蛋浮起来的便是咸水。

① 氯化钠

氯化钠是一种无色透明的立方晶体，粉末状时为白色，味咸，易溶于水，不溶于盐酸，密度较大，在空气中微有潮解性。我们平常用于调味的食盐的主要成分就是氯化钠。氯化钠还可用于制造纯碱、烧碱、漂白粉以及矿石冶炼等方面。

② 水的导电性

确切来说，纯水是不导电的，因为纯水是不含任何杂质的水。不纯净的水中含有各种矿物质等成分，正因为含有了这些水分子以外的物质，水才可以导电。

③ 水的浮力

浮力是浸在液体或气体里的物体受到液体或气体向上托的力。它是古希腊著名的哲学家、数学家、物理学家阿基米德于公元前245年最先发现的。物体在水中所受浮力的大小，取决于物体在水中排开水的体积和水的密度。物体排水体积越大，水的密度越大，物体所受的浮力就越大。

50 淡水分布不均衡

国际上通常把年降雨量大于500毫米的地区，称为半湿润和湿润地区；小于或等于500毫米、大于250毫米的地区，称为半干旱地区；小于或等于250毫米的地区，则称为干旱地区。这种划分充分反映了水资源分布的时空差异。

世界上淡水资源最丰富的地区是赤道带，水资源较缺乏的地区是中东、北非和撒哈拉以南的非洲地区。世界径流最丰富的是拉丁美洲，其次是欧洲、亚洲，径流最少的是非洲。世界径流的不均匀分布，使有些地方水资源非常丰富，甚至经常发生洪水，而有些地区水资源却异常短缺，用水非常困难。

调查表明，世界上富水国家有冰岛、新西兰、加拿大、挪威、尼加拉瓜、巴西、厄瓜多尔、澳大利亚、美国、印度尼西亚等国。世界上人均占有淡水资源最多的国家是加拿大，每人每年为12万立方米。贫水国家包括埃及、沙特阿拉伯、新加坡、肯尼亚、荷兰、波兰、南非、海地、秘鲁、印度和中国等。世界上人均占有淡水资源最少的国家是马耳他，每人每年为70立方米。世界上有22个国家的人均水资源拥有量不到2000立方米，有100个国家缺水，30个国家严重缺水。

① 降雨量

降雨量是指从天空降落到地面上的雨水，未经蒸发、渗透、流失

▲ 饮用水危机

而在地面上积聚的水层深度。降雨量一般用雨量筒测定，所以降雨量中可能包含少量的露、霜和凇等。把一个地方多年的年降雨量平均起来，就称为这个地方的“平均年降雨量”。

② 冰岛

冰岛共和国是北欧国家，西隔丹麦海峡与格陵兰岛相望，东临挪威海，北面是格陵兰海，南界大西洋。今日的冰岛已是一个高度发展的发达国家，首都是雷克雅未克。据冰岛国家统计局最新数据，截止到2008年1月1日，冰岛人口总数为313 376人。

③ 赤道带

赤道带是位于北纬10°～18°和南纬0°～8°之间，全年气温高、风力微弱、蒸发旺盛的地带。赤道区域的海洋具有赤道洋流引起的海水垂直交换，使下层营养盐类上升。因生物养料比较丰富，鱼类较多。飞鱼为赤道带典型鱼类。

51 向海洋要淡水

浩瀚的海洋中有着丰富的水资源，可惜海水又苦又涩，不能直接作为人畜的饮用水，也不能用来灌溉农田。如果海水能够淡化，那该多好。在高度发展的科学技术的帮助下，海水淡化已经变为现实。

所谓海水淡化，就是将海水中的盐分分离以获得淡水。其方法有闪蒸法、电渗析法和反渗透法等。

闪蒸法是先将海水送入加热设备，加热到150℃，再送入扩容蒸发器进行降压蒸发处理，使海水变成蒸汽，然后再送入冷凝器冷凝成水，并在水中加入一些对人体有益的矿物质或低盐地下水，这样就得

▲ 海水淡化厂

到了人们可以饮用的淡水。这种方法因所使用的设备、管道均用铜镍合金制成，所以成本很高，但可一举两得，既能获得淡水，又能在对海水蒸发处理时带动蒸汽涡轮机发电。闪蒸法是海水淡化的主要方法，目前它在世界各国海水淡化总产能力中所占比例为50%左右。电渗析法则是在有廉价电能供给的情况下采用的一种方法，其建设时间短、投资少，制取淡水的成本也不高，目前也已为一些国家所采用。较小的海水淡化工厂一般采用反渗透法，这种方法是用高压使盐水通过一个能过滤掉悬浮物和溶解固体的膜，从而获得淡水。反渗透法在全球海水淡化总产量中所占比例为1/3。

① 合金

合金一般通过熔合成均匀液体和凝固而得，是由两种或两种以上的金属与非金属经一定方法所合成的具有金属特性的物质。不同于纯净金属的是，多数合金没有固定的熔点，温度处在熔化温度范围内时，混合物为固液并存状态。

② 涡轮机

涡轮机广泛用作发电、航空、航海等的动力机，是利用流体冲击叶轮转动而产生动力的发动机。涡轮机可分为汽轮机、燃气轮机和水轮机。它是利用惯性冲力来增加发动机的输出功率，实际上是一种空气压缩机，通过压缩空气来增加进气量。

③ 渗透

当利用半透膜把两种不同浓度的溶液隔开时，浓度较低的溶液中的溶剂（如水）自动地透过半透膜流向浓度较高的溶液，直到化学位平衡为止的现象就是渗透。半透膜是一种有选择性的透膜，它只能透过特定的物质，而将其他物质阻隔在另一边。

52 干旱及其危害

干旱现象从水资源角度来说，是供水不能满足正常需要的一种不平衡的缺水情势。当这种负的不平衡超过一定的界值后，将对城乡生活和工农业生产造成极大危害，从而形成旱灾。

旱灾对农业生产影响最为明显。在农作物生长时期，由于得不到降水、灌溉水和地下水的及时补给，土壤水不断消耗，农作物不能从土壤中吸收足够的水分供正常生长之需，生长受到抑制，就会发生旱情。旱情继续发展就可造成旱灾，导致农作物大面积减产，甚至颗粒无收。严重旱灾发生时，河、溪、井、塘干涸，赤地千里，人民无粮可食，无水可饮，不得不背井离乡，逃荒要饭，渴死、饿死人的现象也会发生。

▲ 干旱

干旱使农牧业减产，工业原料不足，重旱还会直接造成工业用水不足，从而影响工业生产，导致工业产值大大降低。据有关专家分析，1961—1990年，中国工业因旱灾造成的损失总计为

6000多亿元。

干旱会造成河道泥沙淤积，主河床淤高，河道行洪能力大大降低，同时地表水减少又会使区域水资源更趋紧张。干旱还会使地下水环境明显恶化，主要是因为地面缺少水，需从地下抽取更多的地下水，使地下水水位降落，泉水流量锐减，并可引发地面大面积下沉，临海地区还会引发海水入侵等。

❶ 河床

河床是谷底部分河水经常流动的地方。河床按形态可分为顺直河床、弯曲河床、汊河型河床、游荡型河床。由于河床受侧向侵蚀作用而弯曲，所以河道位置经常改变。由于河流截弯取直而形成的地形，称作牛轭湖。

❷ 海水入侵

海水入侵是人为超量开采地下水而造成水动力平衡破坏的现象。海水入侵使土壤盐渍化，灌溉地下水水质变咸，导致水田面积减少，农田保浇面积减少，旱田面积增加，荒地面积增加。中国海水入侵最严重的是山东、辽宁两省。

❸ 地表水

地表水又称陆地水，是指存在于地壳表面，暴露于大气中的水，是河流、冰川、湖泊、沼泽四种水体的总称。为保持一个流域、地区或灌区的水资源供需平衡，常将地表水和地下水进行统一的开发利用和管理。

53 干旱综合征

干旱期间，地表径流减少，湖泊面积缩小，地面水体纳污能力下降，从而使地表水体污染加剧。而污染的水用于农田灌溉，不仅会污染土壤和农作物，影响人体健康，而且污水渗入地下，又会使地下水水区环境恶化。

干旱灾害对畜牧业生产影响也很大，它一方面使牲畜饮水困难，另一方面使牧草生长受到不利影响，甚至造成牧草枯黄，草场退化，影响牲畜的生长和冬季饲草的储备。严重的干旱还会造成牲畜大量死亡。

旱灾之年，还常伴有许多附加灾害，如疾病流行、虫灾的发生等。如1988年非洲塞内加尔和毛里塔尼亚境内，由于长期干旱，发生了数十年罕见的虫灾。2000年夏季，中国北方的大旱也导致了蝗虫灾害大爆发，这对已受旱灾困扰的人民来说，无疑是雪上加霜。从1982年到1996年，菲律宾共经历了五次干旱，造成水稻和玉米大量减产。1995年旱灾导致一场大米危机，菲律宾粮食署和农业部长因此下台。据研究认为，这五次干旱都是“厄尔尼诺”现象引起的。20世纪最严重的一次“厄尔尼诺”现象发生在1982—1983年，当时海洋及大气系统受到严重干扰，对全球粮食生产造成灾难性影响，经济损失高达136亿美元。

①牧草

牧草一般指供饲养的牲畜食用的草或其他草本植物。广义的牧草包括青饲料和作物，牧草有较强的再生力，一年可收割多次，富含各种微量元素和维生素，是饲养家畜的首选。牧草品种的优劣直接影响到畜牧业经济效益的高低，需加以重视。

②蝗虫

蝗虫是蝗科直翅目昆虫，数量极多，生命力顽强，能栖息在各种场所，大多数是损害作物的重要害虫。全世界蝗虫超过1万种，分布于热带、温带的草地和沙漠地区，在严重干旱时可能会爆发蝗灾，对自然界和人类造成危害。

③厄尔尼诺

厄尔尼诺就是从南美洲太平洋沿海向西，一直到国际日期变更线这一水域的海水温度不正常的升高的现象。在南美洲的秘鲁、厄瓜多尔沿海地带，海水温度随季节的变化而变化，在圣诞节前后海水本来应该变冷，但是某些年份海水却在这个季节异常增暖。

▲ 旱灾往往伴发虫灾

54 干旱的解决方法（一）

▲ 节水灌溉系统

对于干旱的解决方法基本上分为两大类：一是研究抗旱的作物和技术，以改善干旱地区缺水少粮的现象；二是寻找新的水源，缓解旱区的用水难状况。

以种植水稻的地区为例，现有的抗旱措施和技术有：

改善灌溉设施和使用灌溉机械。对于一些水量充沛的地区，所出现的干旱不是资源性的干旱，而是工程性的干旱。修建水利灌溉设施，对于解决干旱问题有很大帮助，并且在这个基础上，使用一些灌溉设备，可以有效解决丰水地区的干旱问题。

推广水稻旱作技术。这种技术是采用常规的水稻品种，进行旱育秧、旱移栽、旱管理，全过程尽量利用雨水，人工灌溉只作为辅助，故需水量小，对水资源不充足的干旱地区发展水稻产业意义非凡。

水稻节水栽培技术。该技术主要包括以下几种：旱育稀植技术，是采用旱育秧的方法培育秧苗，扩行减苗栽植，配套高产栽培的一项耕作技术；薄膜覆盖技术，此技术仍处于试验阶段，同常规淹水栽培相比，节水率可达78.3%；节水灌溉技术，根据水稻的需水规律来进行灌溉，可以减少水资源的浪费。

① 水稻

水稻是一年生禾本科植物，叶长而扁，喜高温、多湿、短日照，对土壤的要求并不高。按照不同的分类方法，可将其分为籼稻和粳稻、早稻和中晚稻、糯稻和非糯稻。水稻原产于亚洲热带，在中国广为栽种后，逐渐传播到世界各地。水稻所结子实去壳后就是我们熟知的大米。

② 作物需水量

作物需水量是作物在适宜的水分和肥力水平下，全生育期或某一时段内正常生长所需要的水量，包括消耗于作物蒸腾、株间蒸发和构成作物的水量。影响作物需水量的主要因素有气象、植物、土壤、灌溉、排水和耕作栽培技术等。

③ 节水灌溉

节水灌溉技术包括喷灌技术和微灌技术。喷灌被大量用于沙地灌溉，风速影响其效果。微灌的主要形式有滴灌、微型喷洒灌、地表下滴灌、涌泉灌等，是按照植物的需水要求，以较小的流量，将水和作物生长所需的养分均匀准确地直接输送到作物根部附近土壤中。

55 干旱的解决方法（二）

以种植水稻的地区为例，遇有干旱情况，可用旱稻替代水稻。旱稻的耗水量仅为水稻的1/5 ~ 1/3，其种植管理方式与小麦相似。旱稻的推广是解决水稻干旱问题的又一可能途径，并且有助于解决水资源短缺和粮食不足的问题。

培育具有耐旱性的水稻品种。利用基因改良和传统育种的方法来培育新的耐旱水稻品种。

抗旱作物的研究解决的是粮食问题，但用水难的问题，还得依靠寻找新的水源。在昼夜温差大的地区（如沙漠地区），可以采用冷凝法来获得淡水。其具体步骤是在地上挖一个深45厘米、半径为45厘

▲ 推广旱作技术

米左右的坑，由于高温，坑里的空气和土壤会迅速升温，并产生水蒸气，当水蒸气达到饱和状态时，会在塑料布内面凝结成水滴，并滴入下面的容器当中。用这种方法还可以蒸馏、过滤无法直接饮用的脏水。

在沙丘的最低点或干枯的河床外弯最低点挖掘，有可能找到地下水。此外，动植物也能帮我们找到水源。食草动物通常在清晨和黄昏到固定的地方饮水，只要沿着它们踏出的小径向地势低的地方寻找，一般就可以发现水源。另外，如果发现苍蝇，有水的地方就离你不远了。

① 基因

基因是遗传的物质基础，是DNA或RNA分子上具有遗传信息的特定核苷酸序列。人类大约有几万个基因，储存着生命孕育、生长、凋亡过程的全部信息，通过复制、表达、修复完成生命繁衍、细胞分裂和蛋白质合成等重要生理过程。

② 蒸馏

蒸馏是一种热力学的分离工艺，它利用混合液体或液—固体系中各组分沸点不同，使低沸点组分蒸发，再冷凝以分离整个组分的单元操作过程，是蒸发和冷凝两种单元操作的联合。与其他的分离手段，如萃取、吸附等相比，它的优点在于不需使用系统组分以外的其他溶剂，从而保证不会引入新的杂质。

③ 苍蝇

苍蝇是具有惊人繁殖力的昆虫，它的一生要经过卵、幼虫、蛹、成虫四个时期，各个时期的形态完全不同。苍蝇属双翅目蝇科动物，据20世纪70年代末的统计，全世界双翅目的昆虫有132科12万余种，其中蝇类就有64科3.4万余种。主要蝇种有家蝇、市蝇、丝光绿蝇、大头金蝇等。

56 南水北调

中国水资源分布极其不均，南多北少，南涝北旱。南水北调便是缓解中国北方水资源严重短缺局面的重大战略性工程。该工程是通过跨流域的水资源合理配置来达到南水北调的，并可同时促进南北方经济、社会与人口、资源、环境的协调发展。

毛泽东于1952年10月30日提出："南方水多，北方水少，如有可能，借点水来也是可以的。"后来，经过大量的野外测量与勘察，分析对比了50多种方案后，南水北调东线、中线和西线调水的基本方案终于形成了，并且获得了一大批富有价值的成果。

这一庞大的工程，规划到2050年，三条线路调水总规模为448亿立方米，其中东线148亿立方米，中线130亿立方米，西线170亿立方米。2010年南水北调工程开工项目40项，单年开工项目数创工程建设以来最高纪录。截至2012年1月底，南水北调工程已投入1636.6亿元，其中包括中央预算内专项资金（国债）106.5亿元，中央预算内投资247.3亿元，国家重大水利工程建设基金708.2亿元，南水北调工程基金144.2亿元，贷款430.4亿元。

① 国债

国债由国家发行，又称国家公债，是国家以其信用为基础，按照债的一般原则，通过向社会筹集资金所形成的债权债务关系。由于国

债的发行主体是国家，所以它具有最高的信用度，被公认为是最安全的投资工具。

▲ 南水北调工程

② 水利工程

水利工程又称水工程，是用于控制和调配自然界的地表水和地下水，达到除害兴利目的而修建的工程。水利工程需要修建坝、堤、溢洪道、水闸、进水口、渡漕、筏道、鱼道等不同类型的水工建筑物，是为了控制水流，防治洪涝灾害，并进行水量的调节和分配以满足人民生活和生产对水资源的需要而修建的。

③ 基金

基金有广义和狭义两种解释。广义上，基金是指为了某种目的而设立的具有一定数量的资金，如保险基金、公积金、退休基金、信托投资基金等；狭义上，指具有特定目的和用途的资金。

57 纯净水多喝无益

纯净水，也称蒸馏水。这种水的成分只是水分子，而无其他矿物质和有机质。我们平常所喝的自来水，是天然江河中的水经过一定的净化处理而形成的。自来水中含有上百种无机物和有机物，大多数物质对人体健康是有益的。

早在20世纪60年代医学家就发现，心脑血管病的发生与水的硬度有关，当饮水中含有较多的矿物质成分时，心脑血管病发病率低，而饮用水中矿物质较少时，发病率较高。纯净水中没有矿物质，不能预防心脑血管疾病，反而会促发这种疾病。

▲ 纯净水

医学研究表明，Ⅱ型糖尿病的发生与人体某些矿物质摄入不足有关，尤其与镁、钙、钾离子的摄入不足有关。若以纯净水代替自来水，身体里这些矿物质的来源就明显减少，这样不利于身体健康。

不过，纯净水也不是一无是处。纯净水干净清洁，无任何杂质污染，是最佳的解渴饮品。人们在外出旅游时，喝一些纯净水，既解渴又能防腹泻。科学家认为，高品质的饮用水应具备以下六个条件：无有害物质；pH值呈弱碱性；溶氧量高；水分子集团小；可清除体内酸性代谢产物及毒害；矿物质含量比例适当，且是离子状态。

① 自来水

自来水是指通过自来水处理厂净化、消毒后生产出来的符合国家饮用水标准的供人们生活、生产使用的水。由于受到管道结构与材质、蓄水塔等材料的影响，自来水供给到用户时往往达不到生活饮用水卫生标准，一般将其煮沸后方可饮用。

② pH值

pH值是用来表示酸碱度的，酸碱度是指溶液的酸碱性强弱程度，是以0～14的数字来表示的。pH值小于7为酸性，pH值等于7为中性，pH值大于7为碱性。人体血液的正常pH值应在7.35～7.45之间，呈微碱性，如果血液pH值下降0.2，给机体的输氧量就会减少69.4%，造成整个机体组织缺氧。

③ 溶解氧

空气中的分子态氧溶解在水中称为溶解氧。其含量与水温、氧分压、盐度、水生生物的活动和耗氧有机物浓度有关。溶解氧值是研究水自净能力的一种依据。水里的溶解氧被消耗，要恢复到初始状态，所需时间短，说明该水体的自净能力强，或者说水体污染不严重。

58 使用硬水害处多

自然界的水，无论是泉水、井水、河水、湖水还是海水中都溶有各种矿物质。水流经哪里，总把哪里的可溶性物质带走。硬水和软水主要是根据水中钙盐和镁盐含量的多少来区分的。硬度单位是度，1度相当于每升水中含10毫克的氧化钙。这样，0～4度的水为最软水，5～8度为软水，9～12度为普通软水，13～18度为中等硬水，19～30度为硬水，而30度以上的水称为极硬水或最硬水。通常把溶解在水中的全部钙盐和镁盐组成的硬度称为总硬度，饮水水质的总硬度不得超过25度。

硬水给人们的生活带来了许多不便。直接用硬水洗衣服，衣服会发黄、发“锈”，衣服纤维也容易被破坏。用硬水做菜、做饭也不容易煮熟。用极硬水灌溉农田，会使土壤中的可溶铁量降低，导致植物患上缺绿病。食品工业以及饮料制作，如果使用硬水，就会增加水处理费用，使产品成本增高。硬水还容易在锅炉内壁结成水垢，不但阻碍传热，还有可能引起锅炉爆炸。

水的硬度并不是一成不变的，有暂时硬度和永久硬度之分。暂时硬度的水加热就可软化，而永久硬度的水，软化时必须加入小苏打、石灰、氨水等。

❶ 缺绿病

缺绿病是植物叶片缺乏叶绿素的病征。叶片缺乏叶绿素时，叶片

会呈现淡绿色或黄色，是在水分、温度及光照适宜的条件下，由于缺乏某种必需元素（氮、镁、铁、锰及硫等）而造成的。

② 锅炉

锅炉是利用燃料燃烧释放的热能或其他热能加热水或其他工质，以生产规定参数（温度、压力）和品质的蒸汽、热水或其他工质的设备。锅炉中产生的热水或蒸汽可直接为工业生产和人民生活提供所需热能，也可通过蒸汽动力装置转换为机械能，或再通过发电机将机械能转换为电能。

③ 爆炸

爆炸是在极短时间内，释放出大量能量，产生高温，并放出大量气体，在周围介质中造成高压的化学反应或状态变化。一般的爆炸是由火而引发的。如果将两种（或两种以上）互相排斥或不兼容的化学物质组合在一起，形成第三化学材料时，就会引起小型或大型爆炸。

▲ 小苏打可软化硬水

59 节约用水的措施

我们已经了解了当今水资源的严峻形势，无论是个人还是集体，都有责任为解决水资源短缺的问题出一份力。个人的力量虽然渺小，但我们可以从生活小事做到节约用水。

洗澡时，可以调节冷热水比例，不要将喷头的水自始至终地开着，澡盆中放1/4 ~ 1/3的水就足够了，并尽量缩短洗浴时间，这样就可以大大减少洗澡的用水量。切记，不要利用洗澡的机会顺便洗衣服、鞋子，这样做会在无意间浪费很多水。

厕所是生活中又一用水大户。鉴于此，我们可以一水多用，将

▲ 节约用水

收集的家庭废水，如洗脸、洗菜、洗衣服的水等冲厕所，这样就可以节约下可饮用的清水。必须利用马桶的水箱冲水时，如果觉得水箱过大，可以在水箱里竖放一块砖头或一只装满水的大可乐瓶，以减少每一次的冲水量。不过应当注意，放的砖头或可乐瓶不要妨碍水箱部件的运动。

其实，如果注意生活中的每一个细节，人人都可以做到节约用水。例如，小件或少量的衣服，尽量不用洗衣机来洗；养鱼的水可以用来浇花；洗餐具的时候，最好先用纸将餐具上的油污擦去，再用水洗等。

① 喷头

喷头与喷嘴非常接近，是喷淋、喷雾、喷油、喷砂设备里很关键的一个部件，甚至是主要部件。一般广告行业的喷头主要指的是打印机中用来存储打印墨水，并最终完成打印的部件。

② 马桶

马桶的正式名称为坐便器，是大小便用的有盖的桶。它被称为是一项伟大的发明，它解决了人自身吃喝拉撒的进出问题，但是也有人认为抽水马桶是万恶之源，因为它消耗了大量的生活用水。

③ 洗衣机

洗衣机是利用电能产生机械作用来洗涤衣物的清洁电器，可分为家用和集体用两类。1858年，一个叫汉密尔顿·史密斯的美国人在匹茨堡制成了世界上第一台洗衣机。1910年，美国的费希尔在芝加哥试制成功世界上第一台电动洗衣机。

60 开源节流

为解决世界淡水严重短缺的问题，联合国教科文组织于1965—1974年实施了国际水文发展十年计划。联合国又将1981—1990年定为“国际饮水和卫生年”，号召各国积极行动起来，努力惜水、节水和防止水源污染，寻找新的水源，以保证饮用水卫生和工农业生产的发展。

惜水、节水和防止水源污染是缓解世界淡水短缺局面的积极措施。“节约用水”的口号近几年被大多数国家和地区采纳。一些国家正在研究无公害的化工、造纸、印染、炼铜、炼钢以及热处理等工艺。

解决世界淡水短缺的另一个办法是海水淡化。海水淡化，即把海水转化为淡水。海水淡化越来越受到人们的重视，到今天为止，闪蒸法、电渗析法及反渗透法等已达到工业生产的规模。世界上严重缺水的富裕国家，如西亚石油输出国和欧美一些国家，已经确定将海水淡化作为取得淡水的重要途径。目前全球已有7000多座海水淡化装备，总装机容量达到1300万立方米。世界上海水淡化能力的55%分布在中东地区。海水淡化已成为中东地区及许多岛屿淡水供应的主要来源，海水资源取之不尽，用之不竭，潜力无穷。

中国有句成语叫“开源节流”，海水淡化或向冰山索取淡水，为开源，其次必须节约用水，否则全世界都将面临水荒。

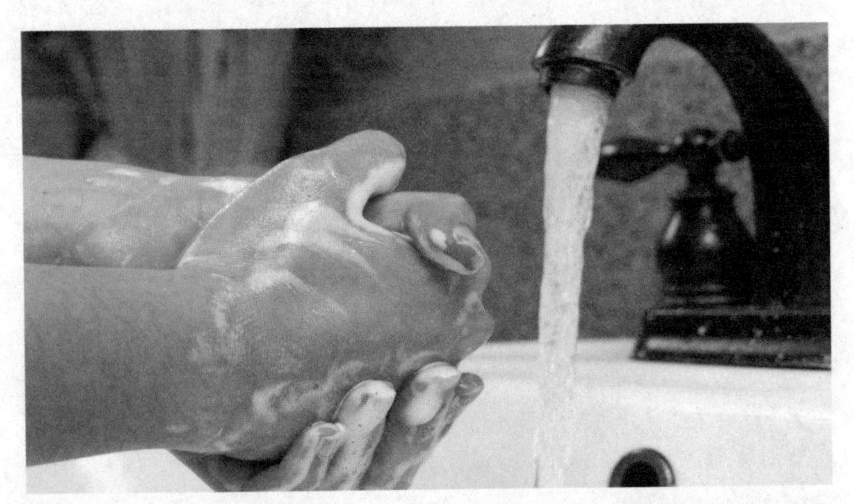

▲ 洗手时要及时关闭水龙头

① 炼钢

炼钢就是把炼钢用生铁放到炼钢炉内按一定工艺熔炼的过程。钢属于黑色金属，但不完全等于黑色金属，通常所讲的钢，一般是指轧制成各种钢材的钢。钢的产品有钢锭、连铸坯和直接铸成的各种钢铸件等。

② 热处理

热处理是将金属材料放在一定的介质内加热、保温、冷却，通过改变材料表面或内部的金相组织结构来控制其性能的一种金属热加工工艺。热处理一般不改变工件的形状和整体的化学成分，而是通过改变工件内部的显微组织或工件表面的化学成分，赋予或改善工件的使用性能。

③ 中东

中东，泛指欧、亚、非三洲连接地区。离西欧较近的东方地区称“近东”，较远的称“中东”。中东和近东经常混用，没有明确界限。此地石油资源极其丰富，储量、产量和输出量均居世界首位。